JN268014

例題と課題で学ぶ
電気回路
——線形回路の定常解析——

工学博士 川上　博
博士(工学) 島本　隆　共著
博士(工学) 西尾 芳文

コロナ社

まえがき

　本書は，大学の初年次で電気回路理論を学ぶ学生のみなさんに，この理論の基本的考え方を身につけていただくことを目的として編集した教科書である。工学部の電気に関連ある分野を学ぶみなさんを対象にしているが，電気回路について勉強しようと考えておられる社会人の方にも十分使っていただける内容になっている。

　本書で学ぶ電気回路理論とは，おもに線形回路の定常状態に関する解析手法の体系を意味する。特に，交流回路の定常状態を表す振幅と位相の情報を，複素数と複素係数の連立方程式を用いて表し，回路のさまざまな性質を解析する手法（交流理論）が展開されている。したがって，予備知識としては複素数と簡単な複素関数の性質，および連立方程式の解法とそれに関連した線形代数の初歩的知識が必要である。これらは，高校の数学および大学の初年次カリキュラムとして学んでいると思われるので，必要に応じて，復習しておいてもらいたい。

　電気回路理論は，自然科学のさまざまな分野で線形系の応答を考察する際，必ず用いられる解析手法を提供している。このような基本的な考え方を提供してくれる理論は，個々の例題が解けるということも大切であるが，どういった筋道で問題を整理し，どのような解法で解析するかといった"考え方の方法を学ぶこと"も学習目標とする必要がある。

　本書の各章は，本文，例題，課題，演習問題，理解度チェックの繰返しであり，このような"目標を定めそれに向かって論理的に学習する，いわゆる過程実現型学習"が容易にできるよう項目が配置されている。直感的にわかったことを客観的に説明できるまで理解を深めるには，かなりの努力が必要である。地道な学習の後に開ける知の景観の体験と，課題探求・解決能力の向上を期待している。

　本書の内容は，1～4章において交流回路の解析手法と解析ツールの獲得を，

5～8章において多変数・分布になった回路の性質と解析手法の獲得を目的に配置されている。

1章の直流回路は，内容は簡単であるが，回路方程式の立て方，解析方法などは，本書で展開される他の章の基礎となる。2章の交流回路では，線形回路の正弦波応答について簡潔に説明している。本書では定常状態を解析するが，回路には過渡状態もあることを知ってもらう目的で述べてある。3章以下の内容がどのような現象を解析しようとしているのかを理解するための章となっている。3章で，交流回路の定常状態を解析するための記号法を説明し，4章で，この解析手法を用いた回路解析のツールを述べている。この二つの章は，本書の核心となる章である。

5章と6章では，2端子対素子に関する性質を解析している。ここからベクトルと行列を使って，多変数の電圧・電流をまとめて扱う手法を導入する。7章と8章では，3相交流回路と分布定数回路の定常状態について，基本的な事項に限って説明した。

本書の各章は次のような構成になっている。

最初の節 "はじめに" で，その章の内容の展開，扱う内容の特徴や要約を述べている。各節は，短い本文に続いて，おおむね1ページで完結するように典型的な回路例を "例題" として配置し，理解の程度を深めるようにした。また，1回の講義（学習）で使用するページ数を7ページ程度にとどめ，章末に "演習問題" を設けて，実力をチェックできるようにした。巻末付録に "講義予定と理解度チェック" 表を示してある。チェック項目は，学習する内容を述べ，学ぶ目的を明確にしてある。予習・復習時に活用してほしい。

本書では，次ページに示す図のように，各章の内容を3週で終えられるように配分し，電気回路1（16週）で1～4章を，電気回路2（16週）で5～8章を講義できるように計画した。

この講義予定は，週1回の講義内容のつもりである。この講義とは別に週1回の演習時間を用意して学生のみなさんの理解を深めることを前提としている。したがって，演習時間がとれないカリキュラムの場合は少々窮屈になることが

電気回路1：交流回路の解析手法と解析ツールの獲得

週	内容
1, 2, 3	1章（講義3週分）直流回路（導入部）
4	中間テスト
5, 6, 7	2章（講義3週分）交流回路（導入部）
8, 9, 10	3章（講義3週分）交流回路（記号法）
11	中間テスト
12, 13, 14	4章（講義3週分）交流回路（諸性質）
15	期末テスト
16	答案返却と解説

電気回路2：多変数・分布になった回路の性質と解析手法の獲得

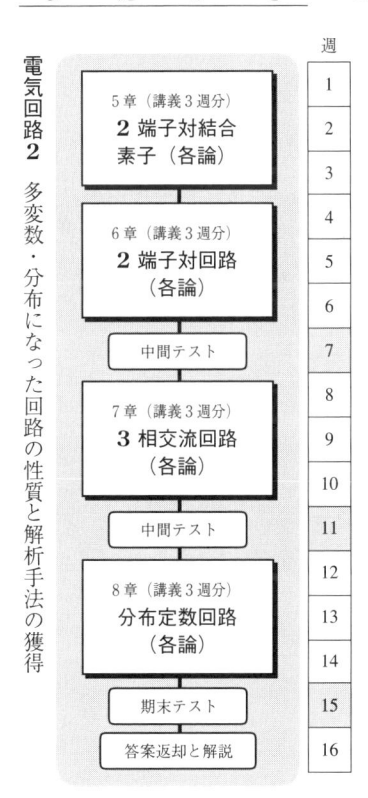

週	内容
1, 2, 3	5章（講義3週分）2端子対結合素子（各論）
4, 5, 6	6章（講義3週分）2端子対回路（各論）
7	中間テスト
8, 9, 10	7章（講義3週分）3相交流回路（各論）
11	中間テスト
12, 13, 14	8章（講義3週分）分布定数回路（各論）
15	期末テスト
16	答案返却と解説

予想される。

また，この電気回路1の授業に先立って，複素数と連立方程式を解くための線形代数を理解しておくことが必要である。さらに，電気回路2の講義の後には，過渡現象と回路解析の講義などが続いて行われることが考えられる。

本書は，これらのカリキュラムの中の電気回路1と2の教科書として位置づけた。カリキュラムの構成に応じて取捨選択し，活用していただければ幸いである。

なお，本書に関するホームページ http://incs.ee.tokushima-u.ac.jp/INCS/books/ に，本書においてやむを得ず割愛した関連項目の補足説明，章末の各演習問題の詳細な解答例（答えが得られるまでの流れも含めて），課題に関する説

明，また，本書で紹介できなかった種々の演習問題およびその解答例などを掲載している。このホームページは適宜更新したいと考えているので，ぜひ活用してほしい。

　最後に，本書の執筆にあたり数々の有益なご助言をいただいた高知工科大学の坂本明雄先生に感謝の意を表します。

2006 年 9 月

川上　　博
島本　　隆
西尾芳文

目　　　次

1. 直　流　回　路

1.1　は　じ　め　に ………………………………………………… *1*
1.2　直流回路素子 …………………………………………………… *2*
　　1.2.1　抵　抗　素　子 …………………………………………… *2*
　　1.2.2　直　流　電　源 …………………………………………… *3*
1.3　直流回路の例 …………………………………………………… *5*
　　1.3.1　単一抵抗回路 ……………………………………………… *5*
　　1.3.2　直　列　接　続 …………………………………………… *6*
　　1.3.3　並　列　接　続 …………………………………………… *9*
　　1.3.4　直並列接続 ………………………………………………… *10*
1.4　キルヒホッフの法則 …………………………………………… *11*
　　1.4.1　キルヒホッフの電流則 …………………………………… *12*
　　1.4.2　キルヒホッフの電圧則 …………………………………… *15*
1.5　回　路　解　析 ………………………………………………… *17*
　　1.5.1　節　点　解　析 …………………………………………… *17*
　　1.5.2　網　目　解　析 …………………………………………… *21*
　　1.5.3　混　合　解　析 …………………………………………… *24*
　　1.5.4　重ね合わせの理 …………………………………………… *25*
演　習　問　題 ………………………………………………………… *26*

2. 交　流　回　路

2.1　は　じ　め　に ………………………………………………… *28*
2.2　交流回路素子 …………………………………………………… *29*

2.2.1　交流電源（正弦波電源）……………………………… 29
　　2.2.2　抵　抗　素　子 ……………………………………… 34
　　2.2.3　キャパシタ ……………………………………………… 35
　　2.2.4　インダクタ ……………………………………………… 36
2.3　交流回路の定常状態と過渡状態 …………………………………… 39

3. 交流回路の解析（記号法）

3.1　は　じ　め　に ……………………………………………………… 43
3.2　複素指数関数による電圧・電流 …………………………………… 44
3.3　記号法による解析 …………………………………………………… 50
　　3.3.1　記号法を使った定常状態の解析手順 …………………… 50
　　3.3.2　複素インピーダンスと複素アドミタンス ……………… 56
　　3.3.3　節点解析と網目解析 ……………………………………… 61
3.4　交流回路の電力 ……………………………………………………… 65
　　3.4.1　瞬時電力と有効電力 ……………………………………… 65
　　3.4.2　実効インピーダンス ……………………………………… 67
　　3.4.3　複素電力（電力の複素数表示）………………………… 67
演　習　問　題 ……………………………………………………………… 71

4. 交流回路の諸性質

4.1　は　じ　め　に ……………………………………………………… 74
4.2　回路の基本的な性質 ………………………………………………… 75
　　4.2.1　線　形　性 ………………………………………………… 75
　　4.2.2　時　不　変　性 …………………………………………… 75
　　4.2.3　受　動　性 ………………………………………………… 75
4.3　回路の重ね合わせ …………………………………………………… 76
4.4　等　価　回　路 ……………………………………………………… 80

  4.4.1　テブナンの定理……………………………………………… *80*
  4.4.2　ノートンの定理……………………………………………… *84*
  4.4.3　Δ–Y 変　換………………………………………………… *86*
4.5　ブリッジ回路………………………………………………………… *90*
4.6　双　対　回　路……………………………………………………… *92*
4.7　インピーダンスの周波数特性……………………………………… *94*
  4.7.1　定 抵 抗 回 路………………………………………………… *94*
  4.7.2　共　振　回　路……………………………………………… *95*
4.8　整合（マッチング）………………………………………………… *97*
演　習　問　題…………………………………………………………… *99*

5.　2端子対結合素子

5.1　は　じ　め　に……………………………………………………… *101*
5.2　多端子回路と多端子対回路………………………………………… *102*
5.3　結　合　抵　抗……………………………………………………… *104*
  5.3.1　制　御　電　源……………………………………………… *104*
  5.3.2　理想変成器とジャイレータ………………………………… *106*
5.4　結合インダクタ……………………………………………………… *109*
  5.4.1　結合インダクタの特性……………………………………… *109*
  5.4.2　相互インダクタンスの符号………………………………… *110*
  5.4.3　等　価　回　路……………………………………………… *111*
  5.4.4　複　素　表　現……………………………………………… *111*
演　習　問　題…………………………………………………………… *115*

6.　2端子対回路の特性行列と接続

6.1　は　じ　め　に……………………………………………………… *117*
6.2　2端子対回路の特性行列…………………………………………… *118*

  6.2.1　インピーダンス行列（Z 行列）………………………………… *118*
  6.2.2　アドミタンス行列（Y 行列）………………………………… *122*
  6.2.3　4 端子行列（F 行列）………………………………………… *123*
  6.2.4　特性行列の相互変換…………………………………………… *127*
 6.3　2 端子対回路の接続…………………………………………………… *128*
  6.3.1　縦続接続（F 行列）…………………………………………… *128*
  6.3.2　直列接続（Z 行列）…………………………………………… *134*
  6.3.3　並列接続（Y 行列）…………………………………………… *136*
 演習問題………………………………………………………………………… *138*

7. 3 相交流回路

 7.1　は じ め に……………………………………………………………… *141*
 7.2　対称 3 相電源…………………………………………………………… *142*
 7.3　対称 3 相負荷…………………………………………………………… *146*
  7.3.1　Y 形対称 3 相電源–Y 形対称 3 相負荷………………………… *146*
  7.3.2　Δ 形対称 3 相電源–Δ 形対称 3 相負荷………………………… *147*
 7.4　非対称 3 相負荷………………………………………………………… *152*
  7.4.1　Y 形対称 3 相電源–Y 形非対称 3 相負荷……………………… *152*
  7.4.2　Δ 形対称 3 相電源–Δ 形非対称 3 相負荷……………………… *153*
 7.5　3 相交流回路の電力…………………………………………………… *156*
  7.5.1　3 相の複素電力…………………………………………………… *156*
  7.5.2　2 電力計法……………………………………………………… *156*
 演習問題………………………………………………………………………… *162*

8. 分布定数回路

 8.1　は じ め に……………………………………………………………… *165*
 8.2　伝送線路の基本事項…………………………………………………… *166*

8.2.1　正　弦　波　動 ………………………………………… *166*
　　8.2.2　伝送線路の回路方程式とその一般解 ……………………… *168*
　　8.2.3　いくつかの伝送線路 ……………………………………… *172*
　8.3　伝送線路の解析 ……………………………………………… *174*
　　8.3.1　伝送線路上の電圧と電流 ………………………………… *174*
　　8.3.2　いくつかの特別な負荷の場合 …………………………… *179*
　演　習　問　題 …………………………………………………… *182*

付　　　　　録 ……………………………………………… *183*

参　考　文　献 ……………………………………………… *191*

演 習 問 題 解 答 ……………………………………………… *193*

索　　　　　引 ……………………………………………… *202*

1 直流回路

1.1 はじめに

　この章では，オームの法則に従う抵抗と，電源からなる回路の性質を考える。すなわち，抵抗と時間的に変化しない電圧源または電流源から構成された回路について，各素子を流れる電流または各素子にかかる電圧を求める問題を考える。このような回路は，電流や電圧が時間的に変化しない性質をもつことから，**直流回路**（direct current circuit, d.c. circuit）と呼ばれている。

　直流回路は次のような特徴をもっている。
1. 単純である。
   すなわち，使用する回路素子は抵抗のみであり，基本的な物理法則はオームの法則だけである。これに素子の接続から導かれるキルヒホッフの法則を合わせて考えると回路方程式が得られる。
2. 基本となる回路である。
   すなわち，直流回路の問題を解く考え方や解法は，より一般的な回路の問題を解く場合（2章以下で述べる）に応用できる。逆に，より一般的な回路の問題は，直流回路の問題とみなして解くことができる。
3. 電圧・電流は時間的に変化しない。

　本章の目的は，直流回路の回路方程式を導き，これを解いて回路の状態（電圧や電流）を求めることにある。特に，回路方程式の導出法は数種類あるので，これらを適切に使えるよう慣れておく必要がある。

1.2 直流回路素子

1.2.1 抵抗素子

抵抗 (resistor) は，図 **1.1** の記号で表される素子のことである。素子を流れる電流を i アンペア [A]，素子の両端にかかる電圧を v ボルト [V] とすると

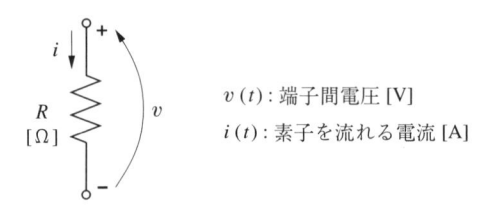

$$v = Ri \tag{1.1}$$

の関係がある。R の値（抵抗値）も単に**抵抗**（resistance）と呼び，**オーム** [Ω] の単位で測る。式 (1.1) は，電圧と電流との間に成り立つ物理法則を記述したもので，これを**オームの法則**（Ohm's law）という。また，式 (1.1) は，**抵抗の特性**（resistor's characteristics）を表すとも考えられる。

$v(t)$：端子間電圧 [V]
$i(t)$：素子を流れる電流 [A]

図 **1.1** 抵抗を表す記号と電流・電圧の基準方向

式 (1.1) を電流について解いて

$$i = \frac{1}{R}v = Gv \tag{1.2}$$

と表すこともできる。この場合，定数 $G = 1/R$ は，電流の流れやすさの度合いを表す。G の値は**コンダクタンス**（conductance）と呼ばれ，**ジーメンス** [S] の単位で測られる[†]。

式 (1.1) および 式 (1.2) を vi 平面に関数のグラフとして描くと，図 **1.2** となる。電圧・電流の関係式が比例関係にあり，特性は vi 平面上の原点を通る直線となる。この特性をもつ抵抗を**線形抵抗**（linear resistor）という。

[†] 素子の値がコンダクタンスで表示されている抵抗は，コンダクタ（conductor）と呼ぶべきであるが，本書では特に区別せずに抵抗と呼ぶことにする。

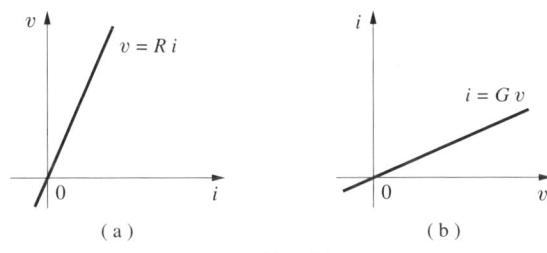

図 **1.2**　抵抗の特性グラフ

　抵抗は，物理的にみると電気エネルギーを熱エネルギーやその他のエネルギーに変換する素子である．毎秒当り抵抗で消費する電気エネルギーを**電力**（power）といい，ワット [W] の単位で測る．電力 $p(t)$ は

$$p(t) = vi = Ri^2 = \frac{1}{R}v^2 \tag{1.3}$$

である．したがって，時刻 0 から t までに抵抗で消費される電気エネルギー w ジュール [J＝W·s] は

$$w(t) = \int_0^t p(\tau)\,d\tau = R\int_0^t i^2(\tau)\,d\tau = \frac{1}{R}\int_0^t v^2(\tau)\,d\tau \tag{1.4}$$

と定義される．抵抗は，その特性が図 1.2 に示したように原点を通り，消費する電力が常に正であるから，**受動素子**（passive element）である．

1.2.2　直 流 電 源

　電気エネルギーを供給する源となる素子が**電源**（source）である．電圧を発生する素子を**電圧源**（voltage source），電流を供給する素子を**電流源**（current source）という．

　供給電圧が時間的に変化せず一定となる電圧源を**直流電圧源**（direct voltage source, d.c. voltage source），または**定電圧源**という．直流電圧源は，図 **1.3** に示す記号で表され，その特性，すなわち電圧と電流の関係式は

$$\left.\begin{aligned} v &= E \quad (\text{時間的に変化せず一定}) \\ i &= 任意 \end{aligned}\right\} \tag{1.5}$$

1. 直流回路

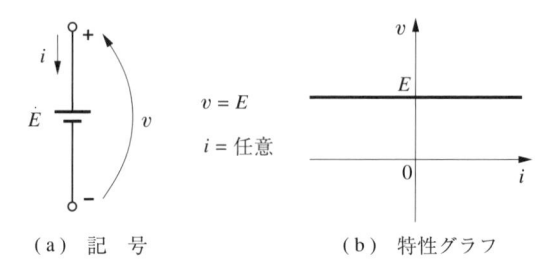

図 1.3 直流電圧源の記号とその特性グラフ

$$v = E$$
$$i = 任意$$

となる†。

同様に，供給電流が時間的に変化せず一定となる電流源を**直流電流源**（direct current source, d.c. current source），または**定電流源**という。直流電流源は，**図 1.4** に示す記号で表され，その特性，すなわち電圧と電流の関係式は

$$\left.\begin{array}{l} v = 任意 \\ i = J \;(時間的に変化せず一定) \end{array}\right\} \tag{1.6}$$

となる。

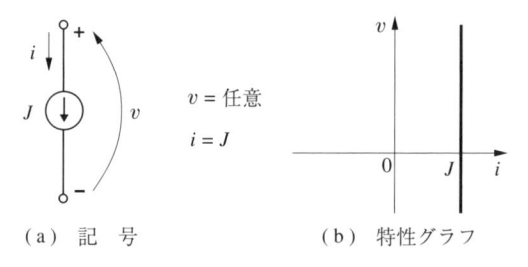

図 1.4 直流電流源の記号とその特性グラフ

直流電圧源と直流電流源の特性グラフより，電圧源は抵抗が 0 であり，電流源はコンダクタンスが 0，すなわち抵抗が ∞（無限大）の素子になる。また，電源の特性グラフは原点を通らないことから，電源は**能動素子**（active element）である。

---

† 電池は，近似的に直流電圧源とみなせる代表的な電圧源である。

1.3 直流回路の例

1.3.1 単一抵抗回路

例題 1.1 図 1.5 の回路において，次の問に答えよ。

(1) 図 (a) の抵抗 R を流れる電流を求めよ。
(2) 図 (b) の G にかかる電圧を求めよ。

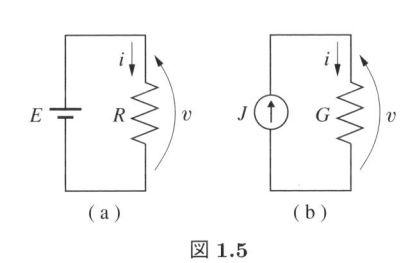

図 1.5

【解答】 (1) 電圧源 E が接続されているので，抵抗 R の両端の電圧は E となる。このことから，式 (1.1) の関係式は

$$v = E = Ri$$

となり，抵抗を流れる電流 i は

$$i = \frac{E}{R}$$

と求まる[†1]。

この電流は，抵抗の特性式 (1.1) と電圧源の式 (1.5) を連立させた連立方程式の解と考えられる。これを vi 平面上のグラフとして描くと図 1.6 になり，特性を表す 2 直線の交点が解を与えている。

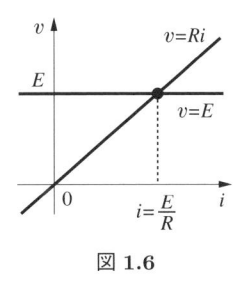

図 1.6

(2) 電流源 J が接続されているので，コンダクタンス G を流れる電流は J となる。このことから，式 (1.2) の関係式は

$$i = J = Gv$$

となり，抵抗の両端の電圧 v は

$$v = \frac{J}{G}$$

と求まる[†2]。 ◇

[†1] この電流は，電圧源を流れる電流でもある。一般に回路の構成が定まると，任意の値であった電圧源を流れる電流が一意的に定まる。

[†2] 同様に，電流源の電圧の値も回路が構成されて，はじめて一意的に定まる。

1.3.2 直列接続

例題 1.2 図 1.7(a) のように n 個の抵抗 $R_1, R_2, \cdots, R_n$ が**直列**(series)に接続されている回路を考える。この回路を両端の端子 a-b からみると,図 (b) に示す 1 個の抵抗 R とみることができ

$$R = R_1 + R_2 + \cdots + R_n$$

となる。これを示せ。

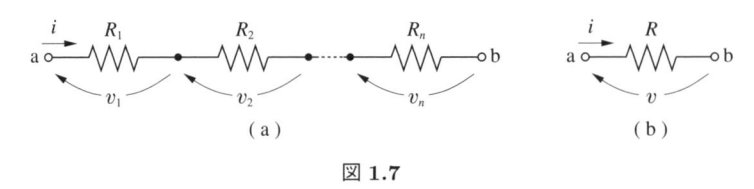

図 1.7

【**解答**】 図 (a) において, 電流 i が端子 a から b に流れているとすると,各抵抗の電圧は, 式 (1.1) より

$$v_1 = R_1 i, \quad v_2 = R_2 i, \quad \cdots, \quad v_n = R_n i$$

となる。また, 端子 a-b 間の電圧 v は

$$v = v_1 + v_2 + \cdots + v_n$$

であり, 代入して整理すると

$$v = R_1 i + R_2 i + \cdots + R_n i = (R_1 + R_2 + \cdots + R_n)\, i$$

となる。

一方, 図 (b) においては

$$v = R i$$

であるので, 両式の係数比較より

$$R = R_1 + R_2 + \cdots + R_n$$

が得られる。

このとき, 図 (a), (b) の二つの抵抗は等価であるといい, 両者を**等価抵抗** (equivalent resistance) という。また, 図 (b) は図 (a) の複数の抵抗を一つの抵抗に合成していることから, 図 (b) の抵抗を図 (a) の**合成抵抗** (resultant resistance) という。 ◇

例題 1.3 図 **1.8** のように，直列に接続された 3 個の抵抗 R_1, R_2, R_3 に直流電圧源 E を接続した回路を考える．各抵抗にかかる電圧の比を求めよ．

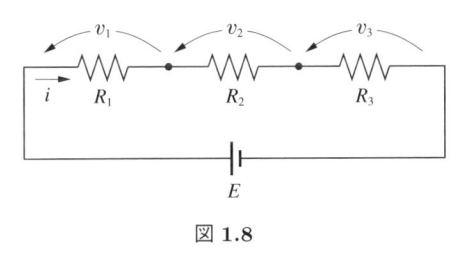

図 **1.8**

【解答】 回路を流れる電流を i とすると，各抵抗にかかる電圧はおのおの

$$v_1 = R_1 i, \quad v_2 = R_2 i, \quad v_3 = R_3 i$$

である．したがって

$$v_1 : v_2 : v_3 = R_1 i : R_2 i : R_3 i = R_1 : R_2 : R_3$$

となり，各抵抗の電圧比は抵抗値の比として求められる．いいかえれば，各抵抗は電源電圧を抵抗値の比で**分圧**していることになる．このことから，直列抵抗回路は**分圧回路**（voltage divider）である．

なお，各電圧の値は，合成抵抗が $R = R_1 + R_2 + R_3$ であるから

$$i = \frac{E}{R} = \frac{E}{R_1 + R_2 + R_3}$$

となり，これを用いて

$$v_1 = R_1 i = \frac{R_1}{R_1 + R_2 + R_3} E$$

$$v_2 = R_2 i = \frac{R_2}{R_1 + R_2 + R_3} E$$

$$v_3 = R_3 i = \frac{R_3}{R_1 + R_2 + R_3} E$$

と求められる． ◇

例題 1.4 電池など，実際に使われている電圧源の端子電圧は，通常電流を取り出すと低下する。このことは，直流電圧源に抵抗を接続した**図 1.9**の回路（網掛け部分が実際の電源，R_0 は内部抵抗）で近似的に説明できる。

さて，この電源の端子 a-b に抵抗 R をつないだ回路において，R を調節して電源からできるだけ多くの電力を取り出したい。R の値を求めよ。

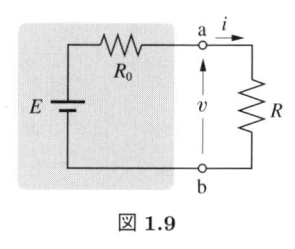

図 1.9

【**解答**】 まず，電流を取り出すと電圧源の端子電圧が低下することを説明する。回路を流れる電流を i とすると

$$E = v_0 + v = R_0 i + v$$

となり，これより

$$v = E - R_0 i$$

が得られる。これを vi 平面に描くと**図 1.10** になり，電流 i が大きいほど電圧 v が低下することがわかる。

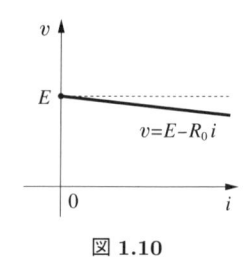

図 1.10

次に，抵抗 R で消費される電力 P は

$$P = vi = (Ri)i = Ri^2 = R\left(\frac{E}{R_0+R}\right)^2 = \frac{R}{(R_0+R)^2}E^2$$

となる。いま，P を R の関数 $P(R)$ と考え，R を 0 から ∞ まで変化させると，$P(0)=0,\ P(R)>0,\ P(\infty)=0$ であるから，P には最大値がある。実際に

$$\frac{d}{dR}P(R) = \frac{R_0-R}{(R_0+R)^3}E^2 = 0$$

より，$R=R_0$ のとき P は最大値 P_{max} をとる。

$$P_{max} = P(R_0) = \frac{E^2}{4R_0}$$

したがって，電源からなるべく多くの電力を取り出すためには，負荷である外部の抵抗を電源の内部抵抗に等しく選び，負荷にちょうど半分の電圧がかかるようにすればよい。P_{max} は利用可能な最大電力であり，電源の**固有電力**（available power）と呼ばれている。 ◇

1.3.3 並列接続

例題 1.5 図 1.11(a) のように n 個の抵抗 $G_1, G_2, \cdots, G_n$（コンダクタンス）が**並列** (parallel) に接続されている回路を考える。この回路を端子 a-b からみると，図 (b) に示す 1 個の抵抗 G（合成コンダクタンス）とみることができ

$$G = G_1 + G_2 + \cdots + G_n$$

となる。これを示せ。

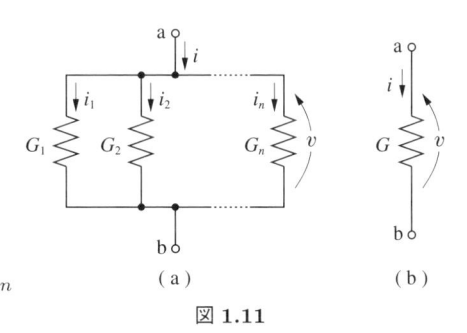

図 1.11

【解答】 図 (a) において，端子 a-b に加えられた電圧を v とすると，この電圧は各抵抗に等しく加えられていることになり，各抵抗の電流は

$$i_1 = G_1 v, \quad i_2 = G_2 v, \quad \cdots, \quad i_n = G_n v$$

となる。また，端子 a に流れる電流 i は

$$i = i_1 + i_2 + \cdots + i_n$$

であり，代入して整理すると

$$i = G_1 v + G_2 v + \cdots + G_n v = (G_1 + G_2 + \cdots + G_n)\, v$$

となる。

一方，図 (b) においては $i = Gv$ なので，両式の係数比較より

$$G = G_1 + G_2 + \cdots + G_n$$

が得られる。

特に，2 個の並列抵抗の場合を抵抗の値で表すと

$$R = \frac{1}{G} = \frac{1}{G_1 + G_2} = \frac{1}{\dfrac{1}{R_1} + \dfrac{1}{R_2}} = \frac{R_1 R_2}{R_1 + R_2}$$

を得る。また

$$i_1 : i_2 : \cdots : i_n = G_1 : G_2 : \cdots : G_n$$

となる。このことは，電流がコンダクタンスの比で分流されていることを示しており，並列抵抗回路は**分流回路** (current divider) といえる。　　◇

10　　1. 直 流 回 路

1.3.4　直 並 列 接 続

例題 1.6　図 1.12 (a), (b) の合成抵抗を求めよ。

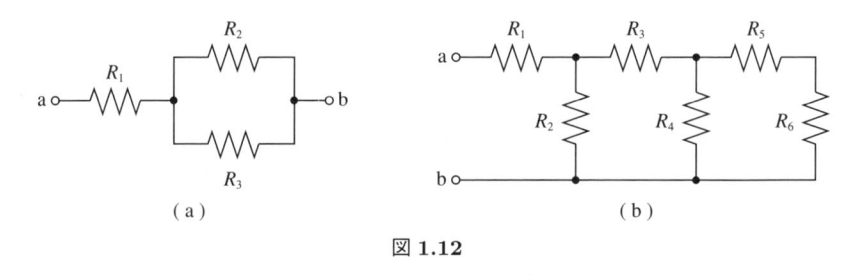

(a)　(b)

図 1.12

【解答】　図 (a) は，R_2 と R_3 の並列抵抗に R_1 が直列に接続された構成になっている。R_2 と R_3 の並列の合成抵抗 R_{23} は

$$R_{23} = \frac{1}{\dfrac{1}{R_2} + \dfrac{1}{R_3}} = \frac{R_2 R_3}{R_2 + R_3}$$

なので，端子 a-b からみた合成抵抗 R は

$$R = R_1 + R_{23} = R_1 + \frac{R_2 R_3}{R_2 + R_3}$$

となる。

　図 (b) を R_6 から左へみていくと，直列接続と並列接続が交互に繰り返されている。このような回路を**梯子形回路**(ladder circuit) という。端子 a-b からみた合成抵抗 R は連分数の形となり

$$R = R_1 + \cfrac{1}{\cfrac{1}{R_2} + \cfrac{1}{R_3 + \cfrac{1}{\cfrac{1}{R_4} + \cfrac{1}{R_5 + R_6}}}}$$

$$= R_1 + \frac{R_2 R_3 R_4 + R_2 R_3 R_5 + R_2 R_3 R_6 + R_2 R_4 R_5 + R_2 R_4 R_6}{R_2 R_4 + R_2 R_5 + R_2 R_6 + R_3 R_4 + R_3 R_5 + R_3 R_6 + R_4 R_5 + R_4 R_6}$$

となる。

◇

1.4 キルヒホッフの法則

抵抗と直流電源をいくつか用意してその端子間を接続すると，一つの**回路**（circuit）が構成できる．こうしてできあがった回路は，幾何学的には素子をつなぎ合わせた網のようになっている．このことから，回路は**回路網**（network）とも呼ばれる．この節では，素子を互いに接続したことから導かれる性質，すなわちキルヒホッフの法則を考える．

さて，接続の性質だけをみるのであるから，各素子を1本の線分に置き換えてもさしつかえない．こうして，もとの回路より，接続点と線分からなる図形が得られる（**図 1.13**）．接続点を**節点**（node），線分を**枝**（branch）と呼ぶ．節点，枝およびそれらの接続関係からなる図形を**グラフ**（graph）という．グラフは，対応する回路の素子の配置やつながり具合といった幾何学的性質を与えている．この幾何学的性質を回路の**トポロジー**（topology）という．

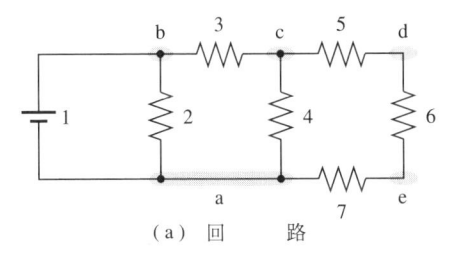

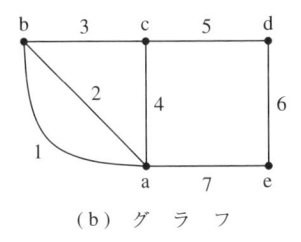

図 1.13 回路とそのグラフ

次に，回路から得られたグラフにおいても，各枝に枝電流，枝電圧（枝の両端に接続された節点間の電圧）を考えておく．枝の向きは，例えば素子電流に合わせて選んでおこう（**図 1.14**）．

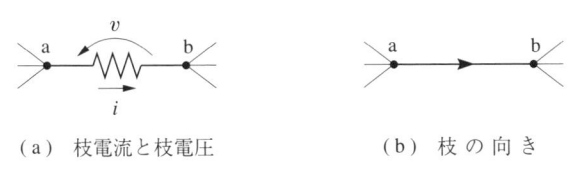

図 1.14 素子の枝電流と枝電圧，およびグラフの枝の向き

12　　1. 直 流 回 路

回路のある節点から，枝を次々と経由して節点をたどっていき，一周して最初の節点に戻るとき，経由した枝の集合を**閉路**または**ループ** (loop) という。例えば，図 **1.15** における枝の集合 $\{4, 5, 6, 7\}$ はループである。ループにも，一巡する方向によって向きを与えておく。

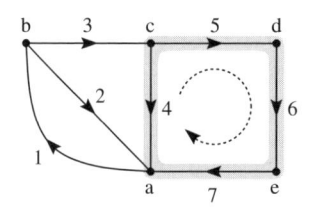

閉路 $\{4, 5, 6, 7\}$ の向きを時計回りとすると，枝 5, 6, 7 は正の向き，枝 4 は逆の向きとして閉路に含まれる

図 **1.15** ル ー プ の 例

1.4.1 キルヒホッフの電流則

任意の回路を考えよう。この回路内の任意の節点に対して，この節点に接続されている枝の枝電流に着目する。

- 節点から流れ出す枝電流をもつ枝が m 本あり，それらの枝電流を

  $i_1{}^{out}, i_2{}^{out}, \cdots, i_m{}^{out}$

- 節点に流れ込む枝電流をもつ枝が n 本あり，それらの枝電流を

  $i_1{}^{in}, i_2{}^{in}, \cdots, i_n{}^{in}$

とする。このとき

$$(i_1{}^{out} + i_2{}^{out} + \cdots + i_m{}^{out}) - (i_1{}^{in} + i_2{}^{in} + \cdots + i_n{}^{in}) = 0 \qquad (1.7)$$

すなわち

$$\underbrace{\sum_{k=1}^{m} i_k{}^{out}}_{\text{(流れ出す電流の総和)}} - \underbrace{\sum_{k=1}^{n} i_k{}^{in}}_{\text{(流れ込む電流の総和)}} = 0 \qquad (1.8)$$

が成り立つ。これを**キルヒホッフの電流則**（Kirchhoff's current law, 略して **KCL**）という。この法則は，各節点において電流が連続である，すなわち，流出量だけ流入量があるということを言い表したものである。

例題 1.7 図 1.16 の回路の各節点において，キルヒホッフの電流則（KCL）を求めよ。また，独立な式の個数はいくつか。

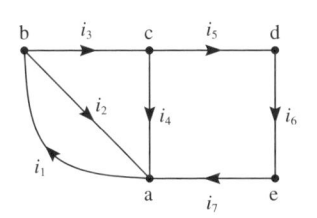

図 1.16

【解答】 節点 a だけを取り出して考えると図 1.17 のようになり

- 節点 a から流れ出す電流は i_1
- 節点 a に流れ込む電流は i_2, i_4, i_7

である。したがって，求める KCL は

（流れ出す電流の和）−（流れ込む電流の和）$= 0$

より

$$i_1 - (i_2 + i_4 + i_7) = 0$$

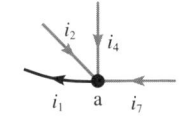

図 1.17

すなわち

$$i_1 - i_2 - i_4 - i_7 = 0$$

となる。

同様に，節点 b, c, d, e に関しても図 1.18 のようになり

節点 b の KCL : $i_2 + i_3 - i_1 = 0$
節点 c の KCL : $i_4 + i_5 - i_3 = 0$
節点 d の KCL : $i_6 - i_5 = 0$
節点 e の KCL : $i_7 - i_6 = 0$

と求まる。

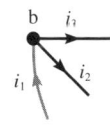

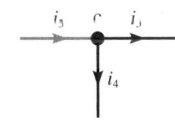

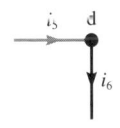

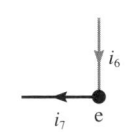

図 1.18

次に独立な式の個数について考える。電流は回路全体を循環しているので，5 個の節点で成り立つ五つの式を左辺どうし，右辺どうし加え合わせると 0 となる。したがって，任意の式を一つ取り出すと，これは他の四つの式の和の符号を変えたものとなっている。このことから独立な式は 4 個である。   ◇

例題 1.8 図 **1.19** の回路において，各抵抗を流れる電流 i_1, i_2, i_3 を求めよ。

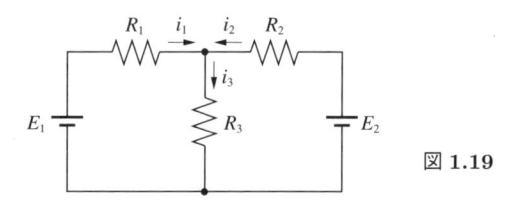

図 **1.19**

【解答】 回路が簡単なのでグラフを描くことを省略し，回路図から直接考えよう。

図 **1.20** のように節点 0, 1, 2, 3 を考え，節点 0 の電圧を 0 と仮定する†と，節点 1 の電圧は E_1，節点 2 の電圧は E_2 となる。節点 3 の電圧は抵抗 R_3 の電圧に等しく，未知なので，これを v_3 と仮定する。すると，抵抗 R_1 の両端の電圧の差は $E_1 - v_3$ となり

$$i_1 = \frac{E_1 - v_3}{R_1}$$

抵抗 R_2 の両端の電圧の差は $E_2 - v_3$ なので

$$i_2 = \frac{E_2 - v_3}{R_2}$$

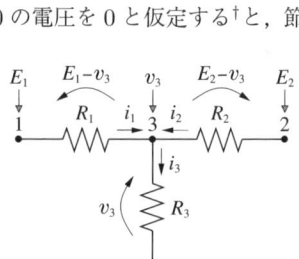

図 **1.20**

抵抗 R_3 の両端の電圧の差は $v_3 - 0$ なので

$$i_3 = \frac{v_3 - 0}{R_3} = \frac{v_3}{R_3}$$

となる。

次に，節点 3 における KCL は

$$i_3 - i_1 - i_2 = 0$$

なので，先に求めた電流を代入して整理し，未知変数 v_3 を求めると

$$v_3 = \frac{R_3 (R_2 E_1 + R_1 E_2)}{R_1 R_2 + R_2 R_3 + R_3 R_1}$$

となり，これを電流の式に代入すれば

$$i_1 = \frac{(R_2 + R_3) E_1 - R_3 E_2}{R_1 R_2 + R_2 R_3 + R_3 R_1}, \quad i_2 = \frac{(R_1 + R_3) E_2 - R_3 E_1}{R_1 R_2 + R_2 R_3 + R_3 R_1}$$

$$i_3 = \frac{R_2 E_1 + R_1 E_2}{R_1 R_2 + R_2 R_3 + R_3 R_1}$$

を得る。 ◇

---

† 基準とする節点の電圧は任意の電圧を仮定してよいので 0 とおいた。

1.4.2 キルヒホッフの電圧則

回路内の任意のループに対して，適当に向きを付け，このループの枝電圧の間に成り立つ関係に注目しよう．このループにおいて

- ループと同じ向きの枝電圧をもつ枝が m 本あり，それらの枝電圧を

$$v_1^{for},\ v_2^{for},\ \cdots,\ v_m^{for}$$

- ループと逆の向きの枝電圧をもつ枝が n 本あり，それらの枝電圧を

$$v_1^{rev},\ v_2^{rev},\ \cdots,\ v_n^{rev}$$

とする．このとき

$$(v_1^{for} + v_2^{for} + \cdots + v_m^{for}) - (v_1^{rev} + v_2^{rev} + \cdots + v_n^{rev}) = 0 \quad (1.9)$$

すなわち

$$\sum_{k=1}^{m} v_k^{for} \quad - \quad \sum_{k=1}^{n} v_k^{rev} \quad = \quad 0 \quad (1.10)$$

（同方向の電圧の総和）　　（逆方向の電圧の総和）

が成り立つ．これを**キルヒホッフの電圧則**（Kirchhoff's voltage law，略して**KVL**）という．例えば，図**1.21** の場合，ループと同じ向きの電圧は $v_1,\ v_3,\ v_4$，ループと逆向きの電圧は $v_2,\ v_5,\ v_6$ なので，求める KVL は

$$(v_1 + v_3 + v_4) - (v_2 + v_5 + v_6) = 0$$

すなわち

$$v_1 + v_3 + v_4 - v_2 - v_5 - v_6 = 0$$

となる．

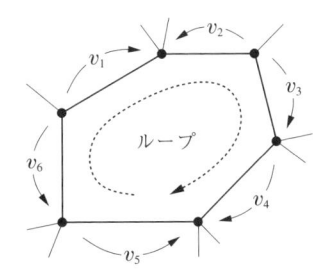

図 **1.21**　ループに対する KVL

例題 1.9 先の例題 1.8 と同じ図 **1.22** の回路において，各抵抗を流れる電流 i_1, i_2, i_3 を求めよ。

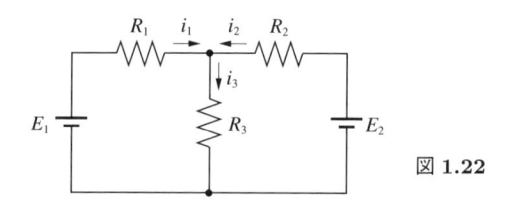

図 **1.22**

【**解答**】 図 **1.23** に示すように各抵抗の電圧 v_1, v_2, v_3 を仮定し，二つのループを考える。ループに沿った KVL は

ループ 1：$v_1 + v_3 - E_1 = 0$
ループ 2：$v_2 + v_3 - E_2 = 0$

となる。一方，抵抗特性より

$v_1 = R_1 i_1$
$v_2 = R_2 i_2$
$v_3 = R_3 i_3 = R_3 (i_1 + i_2)$

である。ただし，第 3 式では節点 3 での KCL を利用して i_3 を i_1 と i_2 で表している。これらを先の KVL の式に代入して整理すると

$(R_1 + R_3) i_1 + R_3 i_2 = E_1$
$R_3 i_1 + (R_2 + R_3) i_2 = E_2$

となり，この連立方程式を解く†ことにより

$$i_1 = \frac{(R_2 + R_3) E_1 - R_3 E_2}{R_1 R_2 + R_2 R_3 + R_3 R_1}, \quad i_2 = \frac{(R_1 + R_3) E_2 - R_3 E_1}{R_1 R_2 + R_2 R_3 + R_3 R_1}$$

さらに，節点 3 の KCL：$i_3 = i_1 + i_2$ より

$$i_3 = \frac{R_2 E_1 + R_1 E_2}{R_1 R_2 + R_2 R_3 + R_3 R_1}$$

が得られる。 ◇

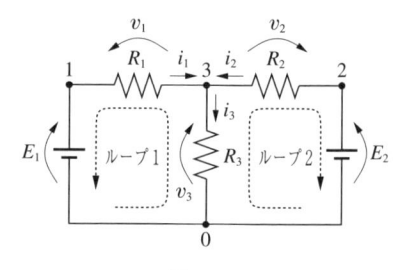

図 **1.23**

---

† 素直な消去法で解いてもよいが，行列式を利用したクラーメルの公式
$\left. \begin{array}{l} a_1 x + b_1 y = c_1 \\ a_2 x + b_2 y = c_2 \end{array} \right\}$ の解は $x = \dfrac{c_1 b_2 - c_2 b_1}{a_1 b_2 - a_2 b_1}, \quad y = \dfrac{a_1 c_2 - a_2 c_1}{a_1 b_2 - a_2 b_1}$
を用いれば簡単に解ける（詳しくは電気数学などの教科書を参照）。

1.5 回路解析

キルヒホッフの法則と抵抗特性を合わせて考えると**回路方程式**が得られ，これを解くことにより回路の性質を知ることができる．このように，回路から回路方程式を求め，これを解いて回路の性質を解析することを**回路解析**（circuit analysis）という．回路解析には，大まかに言って3種類の方法がある．以下，例題を用いてこれらの方法を説明する．

1.5.1 節点解析

さて，ここで例題 1.8 の解法を振り返っておこう（**図 1.24**）．この解法では回路方程式を導くために，節点の電圧と KCL がうまく用いられている．

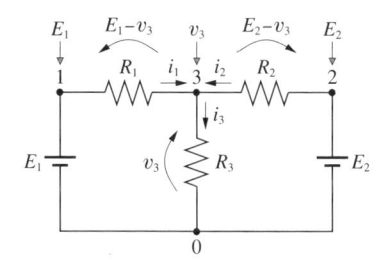

図 1.24 例題 1.8 の解法（節点解析の一例）

- 各節点 0, 1, 2, 3 の電圧を定義（節点 3 の v_3 のみ未知変数）
- 各枝の電流を節点の電圧で表現
- 節点 3 の KCL を求める
- それに各枝の電流を代入し未知変数 v_3 を求める

このことを考えるために，まず**節点電圧**（node voltage）を定義しよう．

(1) 適当な節点を一つ選び，これを**基準節点**（reference node）とする．
    例題 1.8 では節点 0 を基準節点に選んでいる．基準節点は，接地点 または アース と呼ばれ，通常はこの節点の電圧を 0 V に選ぶ．

(2) 基準節点の電圧を基準電圧にして，他の各節点の電圧を定める．
    各節点の電圧は，基準節点からこの節点まで枝をたどって道を考えたとき，使った枝の電圧を加え合わせた電圧と定義する†．例題 1.8 では，基

---

† こうして定めた節点電圧は，基準節点からの経路によらず，一意的に決まる．これは，KVL の性質から明らかである．

準節点 0 より E_1 枝を通って節点 1 に至るので，節点 1 の節点電圧は E_1 となる。節点 2 も同様に E_2，節点 3 は抵抗 R_3 の両端の電圧 v_3（未知変数）になる。

この各節点の節点電圧を未知変数とおいて進める解析手法を**節点解析法**（nodal analysis）と呼ぶ。

節点解析法の手順は，次のようにまとめることができる。

---

1. 適当な基準節点を一つ選び，この節点の電圧を 0 V とする。
2. 各節点の節点電圧を未知変数に選ぶ。ただし，電圧源などの既知の電圧で表現できる節点電圧はその電圧をそのまま用い，未知変数としない。
3. 各枝の枝電圧は，枝のつながれている節点の節点電圧の差として表すことができる。このことと抵抗特性を使って，各枝電流を節点電圧で表しておく。
4. 未知変数を仮定した節点の KCL から枝電流の関係式を求める。
5. 3. の枝電流の式を 4. で求めた KCL の式に代入する。すると，節点電圧を未知変数とした回路方程式（**節点方程式**）が得られる。
6. 5. で得られた節点電圧に関する連立方程式を解き，未知変数を求める。

【**課題 1.1**】 節点解析法において KVL はどのように使われているのか考えてみよう。さらに，次の 1.5.2，1.5.3 項で述べる網目解析や混合解析ではどうか，それぞれ検討しておこう。

1.5 回路解析

例題 1.10 図 1.25 の回路において，抵抗 G_5 に流れる電流 i_5 を求めよ。ただし，$G_1 \sim G_5$ はコンダクタンスである。

また，端子 3, 0 からみた合成抵抗を求めよ。なお，このような接続はブリッジ (bridge) と呼ばれている。

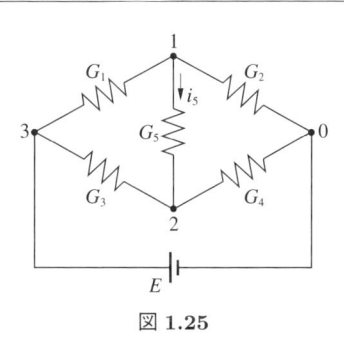

図 1.25

【解答】 節点解析法の手順通りに説明する（図 1.26）。
（手順 1）節点 0 を基準節点に選び，節点電圧を 0 V とする。
（手順 2）節点 3 の電圧は E であり既知なので，節点 1, 2 の節点電圧をそれぞれ未知変数 v_1, v_2 とする。
（手順 3）各枝電流は

$$i_1 = G_1(E - v_1)$$
$$i_2 = G_2 v_1$$
$$i_3 = G_3(E - v_2)$$
$$i_4 = G_4 v_2$$
$$i_5 = G_5(v_1 - v_2)$$

（手順 4）節点 1, 2 における KCL は

節点 1 : $i_2 + i_5 - i_1 = 0$
節点 2 : $i_4 - i_3 - i_5 = 0$

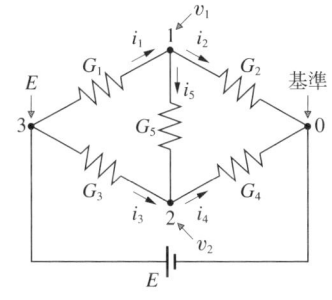

図 1.26

（手順 5）各枝電流を KCL に代入して整理すると

$$(G_1 + G_2 + G_5) v_1 - G_5 v_2 = G_1 E$$
$$-G_5 v_1 + (G_3 + G_4 + G_5) v_2 = G_3 E$$

という節点電圧（未知変数）に関する回路方程式（節点方程式）が得られる。
（手順 6）この連立方程式を解くことにより

$$v_1 = \frac{G_1(G_3 + G_4 + G_5) + G_3 G_5}{\Delta} E$$

$$v_2 = \frac{G_3(G_1 + G_2 + G_5) + G_1 G_5}{\Delta} E$$

ただし，$\Delta = (G_1 + G_2)(G_3 + G_4) + G_5(G_1 + G_2 + G_3 + G_4)$

が得られ，これらの電圧を電流 i_5 の式に代入し整理すれば
$$i_5 = \frac{G_5(G_1G_4 - G_2G_3)}{\Delta}E$$
となる。

次に，節点 3, 0 からみた合成抵抗を求めよう。電源を流れる電流を i とすると
$$\begin{aligned}i &= i_1 + i_3 \\ &= G_1(E - v_1) + G_3(E - v_2) \\ &= (G_1 + G_3)E - G_1 v_1 - G_3 v_2 \\ &= \frac{G_1G_2(G_3 + G_4) + G_3G_4(G_1 + G_2) + G_5(G_1 + G_3)(G_2 + G_4)}{\Delta}E\end{aligned}$$

したがって，節点 3, 0 からみた合成抵抗 G は
$$G = \frac{i}{E} = \frac{G_1G_2(G_3 + G_4) + G_3G_4(G_1 + G_2) + G_5(G_1 + G_3)(G_2 + G_4)}{\Delta}$$
となる。

【補足】 手順 5 で求めた節点方程式を，回路図から簡単に導く方法を以下に説明する（図 1.27）。もし，節点 i と j の間にコンダクタンス G があるとすると，この枝により節点 i から流出する電流は $G(v_i - v_j)$ となる。これをそのまま節点 1 に適用すると，節点 1 の KCL は
$$G_1(v_1 - E) + G_2(v_1 - 0) + G_5(v_1 - v_2) = 0$$

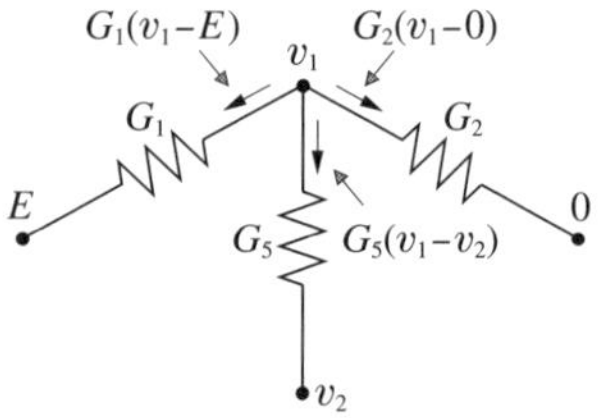

図 1.27

となり，整理すると
$$(G_1 + G_2 + G_5)v_1 - G_1 E - G_5 v_2 = 0$$
となる。この式をよく見ると，第 1 項 v_1 の係数は，節点 1 につながれた 3 本の枝のコンダクタンスの和となっている。また，他の項は，節点 1 につながれた 3 本の枝の相手側の節点電圧と枝のコンダクタンスの積に負の符号を付けたものである。このことに注意すれば，節点 1 での KCL を上式のように整理した形で直ちに導くことができる。節点 2 での KCL も同様にすると
$$(G_3 + G_4 + G_5)v_2 - G_3 E - G_5 v_1 = 0$$
となる。

以上のルールを覚えると，間違いなく，しかも簡単に節点方程式を求めることができるようになる。 ◇

1.5.2 網目解析

似たような考察は，例題1.9についても行うことができる。この場合，ループ電流とKVLがうまく利用される。

まず，**ループ電流**（loop current）を定義しよう。これは，単にループに沿って流れる電流と考える。ループ電流を仮定すると，任意の節点においてKCLは自動的に満足され，ループに沿ったKVLを用いて方程式を求めればよい。

そこで，回路解析の手順は，次のようにまとめることができる。

---

1. 互いに独立なループのループ電流を回路の未知変数に選ぶ。ただし，電流源などの既知の電流で表現できるループ電流はその電流をそのまま用い，未知変数としない。
2. 各枝の枝電流は，この枝を流れるループ電流の和として表すことができる。このことと抵抗特性を使って，各枝電圧をループ電流で表しておく。
3. 未知変数を仮定したループのKVLから枝電圧の関係式を求める。
4. 2.の枝電圧の式を3.で求めたKVLの式に代入する。すると，ループ電流を未知変数とした回路方程式が得られる。
5. 4.で得られたループ電流に関する連立方程式を解き，未知変数を求める。

この解法は，**閉路解析法**（loop analysis）または**網目解析法**（mesh analysis）と呼ばれている。閉路解析法は，節点解析法と並んで代表的な解法の一つである。なお，**網目**という用語は，回路のグラフが平面上に交差することなく描ける（平面グラフという）回路の場合に用いられる。この場合，ループを網目といい，ループ電流を**網目電流**，回路方程式を**網目方程式**という。網目解析においては，独立な網目の向きを，すべて同じ向き（例えば右回り）に選ぶと，得られた式が見やすくなる。

例題 1.11 例題 1.9 と同じ図 1.28 の回路において，各抵抗を流れる電流 i_1, i_2, i_3 を網目解析法を用いて求めよ。

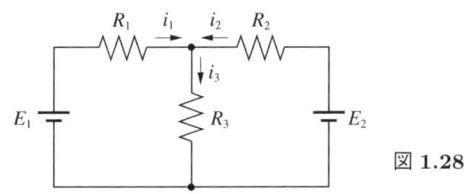

図 1.28

【解答】 網目解析法の手順通りに説明する（図 1.29）。

(手順 1) 図の二つのループ（網目）を考え，それぞれのループ電流（網目電流）を右回り（時計回り）に選び，未知変数 I_1, I_2 とする。

(手順 2) 各枝電流は

$$i_1 = I_1$$
$$i_2 = -I_2$$
$$i_3 = I_1 - I_2$$

各枝電圧は

$$v_1 = R_1 i_1 = R_1 I_1$$
$$v_2 = R_2 i_2 = -R_2 I_2$$
$$v_3 = R_3 i_3 = R_3 (I_1 - I_2)$$

図 1.29

(手順 3) 二つのループに対する KVL は

$$E_1 - v_1 - v_3 = 0$$
$$v_2 + v_3 - E_2 = 0$$

(手順 4) 各枝電圧を KVL に代入して整理すると

$$(R_1 + R_3) I_1 - R_3 I_2 = E_1$$
$$-R_3 I_1 + (R_2 + R_3) I_2 = -E_2$$

というループ電流（未知変数）に関する回路方程式（網目方程式）が得られる。

(手順 5) この連立方程式を解くことにより

$$I_1 = \frac{(R_2 + R_3) E_1 - R_3 E_2}{R_1 R_2 + R_2 R_3 + R_3 R_1}$$
$$I_2 = \frac{R_3 E_1 - (R_1 + R_3) E_2}{R_1 R_2 + R_2 R_3 + R_3 R_1}$$

が得られ，これらより i_1, i_2, i_3 が得られる。

1.5 回路解析

【補足】節点解析法と同様，網目解析法においても手順 4 で求めた網目方程式を，回路図から簡単に導く方法が存在する。その手順を以下に説明する。

すべての網目を同じ向き（例えば時計回り）に選び，各網目で KVL を考える（図 **1.30**）。このとき，二つの網目に挟まれた枝電流は，両網目電流の差として表される。したがって，網目 1 の KVL は

$$R_1 I_1 + R_3 (I_1 - I_2) = E_1$$

となり，整理すると

$$(R_1 + R_3) I_1 - R_3 I_2 = E_1$$

図 **1.30**

となる。この式をよく見ると，第 1 項 I_1 の係数は，網目 1 に沿って一周したとき，ループを構成する枝の抵抗を加えた値となっている。また，第 2 項の係数は，抵抗 R_3 には I_1 以外に，隣接した網目電流 I_2 が逆向きに流れていることから付加されている。そして，右辺はループに沿った電圧源の値であり，ループの方向と一致するときは ＋，一致しないときは － と考える。このことに注意すれば，網目 1 での KVL を上式のように整理した形で直ちに導くことができる。

網目 2 での KVL も同様にすると

$$(R_2 + R_3) I_2 - R_3 I_1 = -E_2$$

となる（図 **1.31**）。

以上のルールを覚えると，間違いなく，しかも簡単に網目方程式を求めることができるようになる。

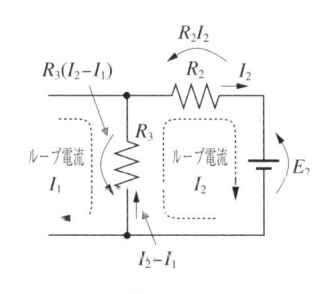

図 **1.31**

【注意】電流源があるときは，それを含む網目電流がただ一つであるように網目を選ぶと，この網目電流は既知（電流源の値そのもの）となるので，方程式の数を減らすことができる。すなわち，網目電流が既知の網目に対する KVL は必要ない。

これは，節点解析法において，節点電圧を電圧源の値（既知）に設定し未知変数を減らした場合，その節点における KCL が不必要なのと同じである。　◇

1.5.3 混合解析

これまで述べた二つの方法では

- 節点解析法では，節点電圧を未知変数とし，各節点において KCL を用いて電流方程式を導き，これを回路方程式とした。
- 網目解析法では，網目電流を未知変数とし，各網目において KVL を用いて電圧方程式を導き，これを回路方程式とした。

そこで，この両者を適切に組み合わせた方法として

- 適当な節点より KCL から電流方程式を，適当な網目より KVL から電圧方程式を導き，これらを合わせて回路方程式とし解析する方法

が考えられる。この方法を**混合解析**（hybrid analysis）という。

例題 1.12 図 **1.32** の回路において，左ループの網目電流 I と節点1の節点電圧 v を仮定して混合解析を行い，抵抗 R_2 を流れる電流 i_2 を求めよ。

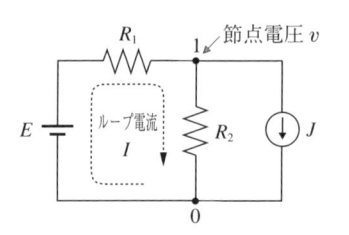

図 **1.32**

【解答】 ループ I に関する KVL より

$$R_1 I + v = E$$

節点 1 に関する KCL より

$$I = \frac{v}{R_2} + J$$

となるので，この連立方程式より

$$I = \frac{E + R_2 J}{R_1 + R_2}, \quad v = \frac{R_2 (E - R_1 J)}{R_1 + R_2}$$

となる。したがって

$$i_2 = \frac{v}{R_2} = \frac{E - R_1 J}{R_1 + R_2} \quad (i_2 = I - J \text{ という KCL の式からでも同じ})$$

が得られる。　　　　　　　　　　　　　　　　　　　　　　　　　◇

1.5.4 重ね合わせの理

最後に，線形回路の重要な性質である重ね合わせの理について考えておこう。この性質は，回路方程式が線形方程式となることから導かれるもので，電気回路において非常に多用される考え方である。

一般に，線形回路において複数個の電源が存在する場合，回路の状態は，個々の電源による状態の和として求めることができる。これを**重ね合わせの理**（law of superposition）という。ただし，個々の電源の状態をつくる際，残りの電源に対して

電圧源：短絡除去（short-circuit removal）：枝の両端の節点を合体させる

電流源：開放除去（open-circuit removal）：単に枝を回路から取り除く

という操作を施さなければならない。

例題 1.13 例題 1.12 と同じ図 **1.33** の回路を，重ね合わせの理を用いて解き，同じ答えが得られることを確かめよ。

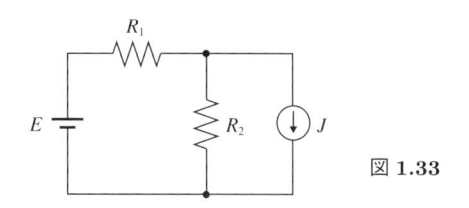

図 1.33

【**解答**】 個々の電源の状態，すなわち図 **1.34**(a)，(b) を考える。

- 電流源を開放除去した回路 (a) より
$$i^{(1)} = \frac{1}{R_1 + R_2} E, \quad v^{(1)} = \frac{R_2}{R_1 + R_2} E$$

- 電圧源を短絡除去した回路 (b) より
$$i^{(2)} = \frac{R_2}{R_1 + R_2} J, \quad v^{(2)} = \frac{-R_1 R_2}{R_1 + R_2} J$$

- これらの和より
$$i = i^{(1)} + i^{(2)} = \frac{E + R_2 J}{R_1 + R_2}$$
$$v = v^{(1)} + v^{(2)} = \frac{R_2 E - R_1 R_2 J}{R_1 + R_2}$$

となり，例題 1.12 と同じ答えが得られる。　　◇

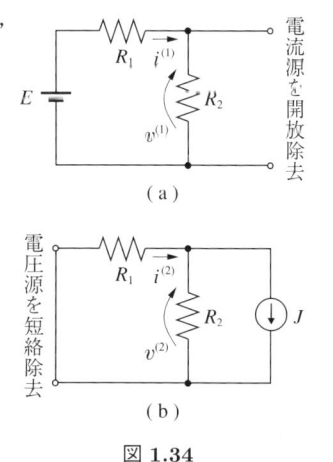

図 1.34

演 習 問 題

1.1 一つの電源 E に抵抗 R_1, R_2, R_3 を接続した**問図 1.1** の回路を考える。次の 3 種類の方法で，抵抗 R_1, R_2, R_3 に流れる電流 i_1, i_2, i_3 を求め，それぞれの方法の長所・短所を検討せよ。

(1) 合成抵抗を求めて解析する方法
(2) 節点解析法
(3) 網目解析法

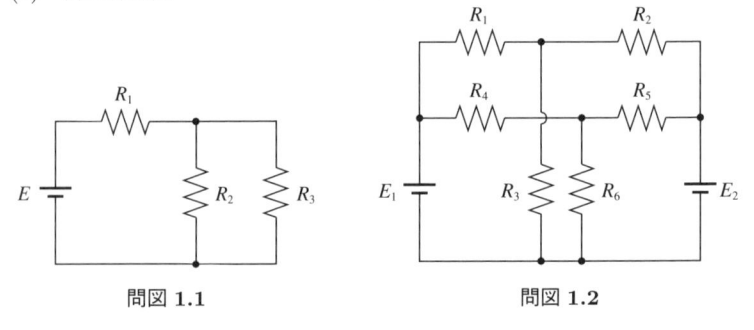

問図 1.1

問図 1.2

1.2 問図 1.2 に示す回路の抵抗 R_3, R_6 を流れる電流を求めよ。なお，このような形をした回路を，T 形の回路が二つ合わされていることより，ツイン T 形回路と呼ぶ。

1.3 問図 1.3 に示す回路のコンダクタンス G_a, G_b, G_c に流れる電流を求めよ。

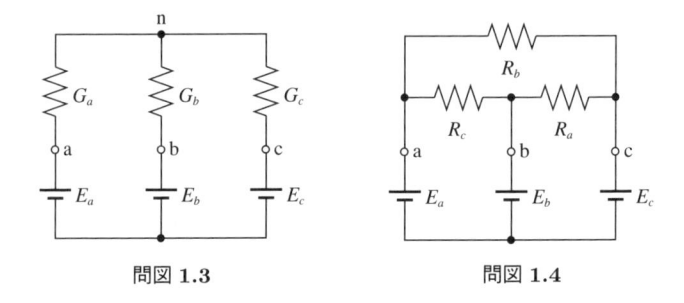

問図 1.3

問図 1.4

1.4 問図 1.4 に示す回路の電源 E_a, E_b, E_c に流れる電流を求めよ。

演　習　問　題　27

1.5 問図 1.5 (a), (b) に示す回路において，端子 a, b, c からみた性質が等価になる（同じ電圧を加えれば同じ電流が流れる）という．先の問題 1.3, 1.4 を参考に，コンダクタンス G_a, G_b, G_c と抵抗 R_a, R_b, R_c が満たす条件を求めよ．

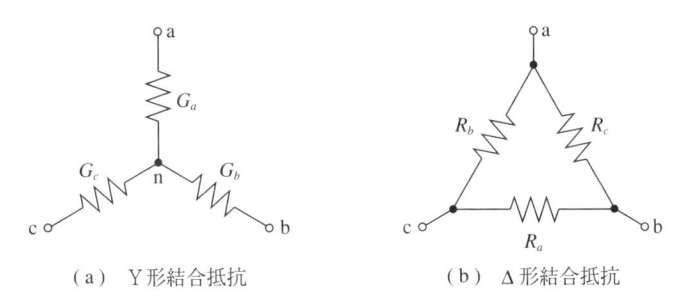

（a）Y形結合抵抗　　　　　　（b）Δ形結合抵抗

問図 1.5

1.6 問図 1.6 に示す回路の抵抗 R を流れる電流を求めよ．

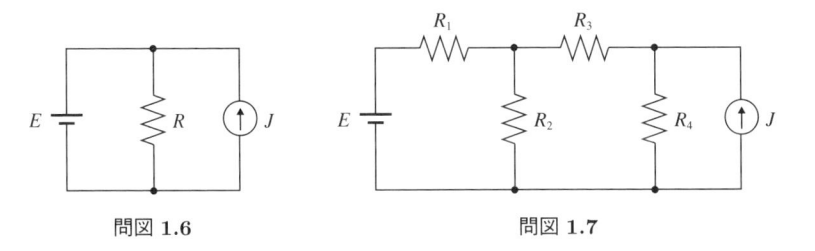

問図 1.6　　　　　　問図 1.7

1.7 問図 1.7 に示す回路の抵抗 R_2 にかかる電圧を求めよ．

1.8 問図 1.8 に示した回路において，端子対 a-a′ からみた合成抵抗，および端子対 b-b′ からみた合成抵抗を求めよ．なお，このような形をした回路を格子形回路と呼ぶ．

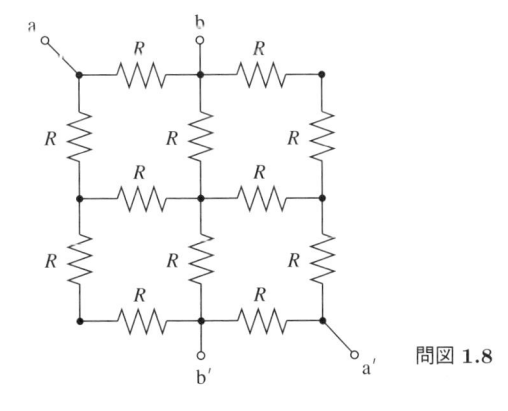

問図 1.8

2 交流回路

2.1 はじめに

交流回路（alternating current circuit, a.c. circuit）とは，時間に関して正弦波的に変化する電源が加えられた回路のことである．交流回路では，電圧や電流が時間と共に刻々変化するので，回路素子として抵抗のほかに，新しく動的素子であるキャパシタとインダクタを考えることになる．

交流回路は次の特徴をもっている．
1. 基本となる回路であり，工学的に広い応用をもつ回路である．すなわち，交流回路の問題を解く考え方や解法は，電気工学のみならず工学や理学のあらゆる分野において，線形システムの問題を解く場合に応用できる．
2. 交流回路の電圧や電流は過渡状態を経て定常状態となる．すなわち，交流回路の電圧や電流は，時間の経過と共に消滅してしまう過渡状態と，その後も観察される定常状態からなる．
3. 交流回路の定常状態における電圧や電流は，時間の関数として正弦波的に変化する．正弦波的とは，三角関数（sin 関数や cos 関数）で表される波形を意味している．すなわち，時間の変化と共に＋－に波打つ波形，これが交流回路の基本である．

この章では，まず，交流電源の性質について述べ，さらに，交流電源が加えられた場合の回路素子である抵抗，キャパシタおよびインダクタの動作について説明する．これらは，次章で説明する電気回路理論の主要な解析手法である記号法を理解するための基本となるものである．

2.2 交流回路素子

交流回路を構成するために必要な素子の性質を述べる。電源が正弦波となり，回路素子としてキャパシタとインダクタが新しく加えられる。したがって，基本回路素子の種類は抵抗，キャパシタおよびインダクタの3種類となる。

2.2.1 交流電源（正弦波電源）

（1）正　弦　波　　電源の特性を述べる前に，時間の関数としての三角関数について復習する。

$$\text{余弦関数}: x(t) = A_m \cos(\omega t + \phi) \tag{2.1}$$

$$\text{正弦関数}: y(t) = A_m \sin(\omega t + \phi) \tag{2.2}$$

を考える。ここに，t は時刻を表す実変数である。いずれの関数についても

A_m：振幅（amplitude）

ω：角周波数（angular frequency）

ϕ：初期位相（initial phase）または単に位相（phase）

といい，これら三つのパラメータにより一意的に定まる。

これらの関数を tx 平面あるいは ty 平面上に描くと，図 **2.1** に示すように周期的な**波形**（waveform）となるので，**余弦波**または**正弦波**（sinusoid）と呼ばれている。

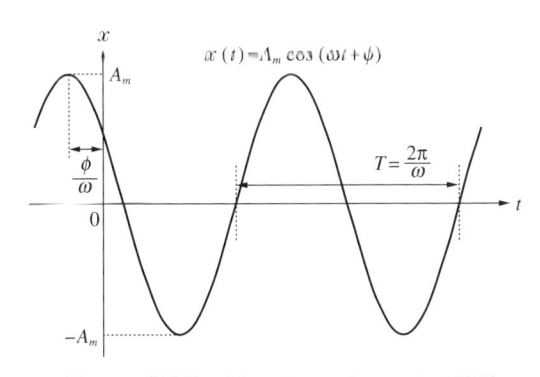

図 **2.1**　余弦波 $x(t) = A_m \cos(\omega t + \phi)$ の波形

また，図 2.1 からもわかるように

- 振幅 A_m は波形の大きさ
- 位相 ϕ [rad] は波形の起点の 0 軸からのずれ
- 角周波数 ω [rad/s] は 1 秒間に角度 ω [rad] 回転する角速度†

を表している。さらに

- 波形が一順して元に戻るまでの時間を**周期**（period）T [s]
- 1 秒間における同一波形の繰返し回数を**周波数**（frequency）f [Hz]

といい

$$\left.\begin{array}{l}\omega T = 2\pi \quad \Rightarrow \quad T = \dfrac{2\pi}{\omega} \\ fT = 1 \quad \Rightarrow \quad f = \dfrac{1}{T}\end{array}\right\} \tag{2.3}$$

の関係がある。また，式 (2.3) より，角周波数 ω と周波数 f との関係は

$$\omega = 2\pi f \tag{2.4}$$

となる。

【**課題 2.1**】 三角関数の加法定理を用いて，正弦波の合成について復習しておこう。

---

† 図 2.2 のように，xy 平面と時間軸 t からなる 3 次元空間において，xy 平面上に大きさ A_m，角度 ϕ のベクトルを考え，そのベクトルが角速度 ω で回転するとき，ベクトルの先端の動きを x 軸および y 軸に射影した波形が

　　余弦波 $A_m \cos(\omega t + \phi)$

および

　　正弦波 $A_m \sin(\omega t + \phi)$

である。

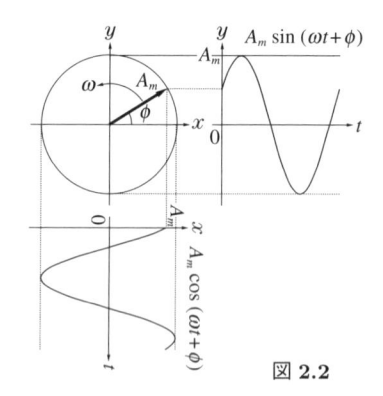

図 2.2

次に，位相の異なる二つの余弦波

$$x(t) = A_m \cos(\omega t) \tag{2.5}$$

$$y(t) = B_m \cos(\omega t + \phi) \tag{2.6}$$

について，位相のもつ性質をみておこう．ここでは，$x(t)$ を基準にして考えるため，$x(t)$ の位相は 0 とおいた．

1. $\phi = 0$ の場合：$y(t)$ の波形は $x(t)$ の波形と**同相**（in-phase）であるという．

2. $\phi > 0$ の場合：$y(t)$ の波形は $x(t)$ の波形より位相が**進んだ**（leading phase）**波形**であるという〔図 **2.3** (a)〕．

3. $\phi < 0$ の場合：$y(t)$ の波形は $x(t)$ の波形より位相が**遅れた**（lagging phase）**波形**であるという〔図 2.3 (b)〕．

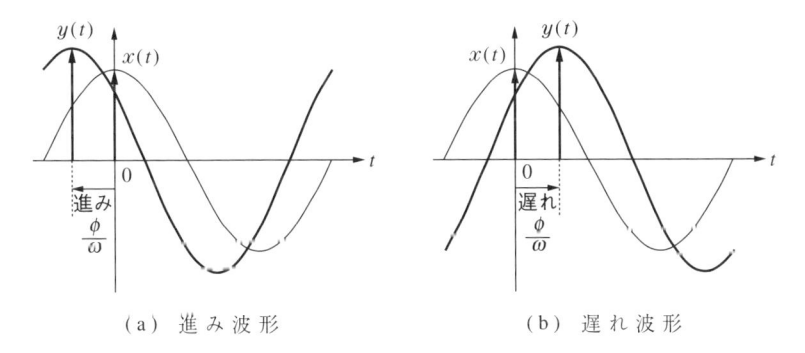

(a) 進み波形

(b) 遅れ波形

図 **2.3** 進み波形と遅れ波形

特に，式 (2.5) の波形より位相が $\pi/2$ だけ遅れた波形は

$$A_m \cos\left(\omega t - \frac{\pi}{2}\right) = A_m \sin(\omega t) \tag{2.7}$$

となって，正弦波となる．このことから，余弦波と正弦波はどちらか一方を考えれば十分である．以下，本書では主として余弦波を用いて説明する．

例題 2.1 次の正弦波について，$x(t)$ に対する $y(t)$ の位相差を求めよ．

(1) $x(t) = \cos\left(\omega t - \dfrac{\pi}{6}\right), \quad y(t) = \cos\left(\omega t + \dfrac{\pi}{3}\right)$

(2) $x(t) = \sin\left(\omega t - \dfrac{\pi}{6}\right), \quad y(t) = \cos\left(\omega t + \dfrac{\pi}{3}\right)$

【解答】 (1) $y(t)$ を変形して $x(t)$ との位相差が明らかになる形にすると

$$y(t) = \cos\left(\omega t + \dfrac{\pi}{3}\right) = \cos\left(\omega t - \dfrac{\pi}{6} + \dfrac{\pi}{2}\right)$$

となる．したがって，$x(t)$ との位相差は $+\dfrac{\pi}{2}$，すなわち $\dfrac{\pi}{2}$ だけ進んでいることになる〔図 2.4 (a)〕．

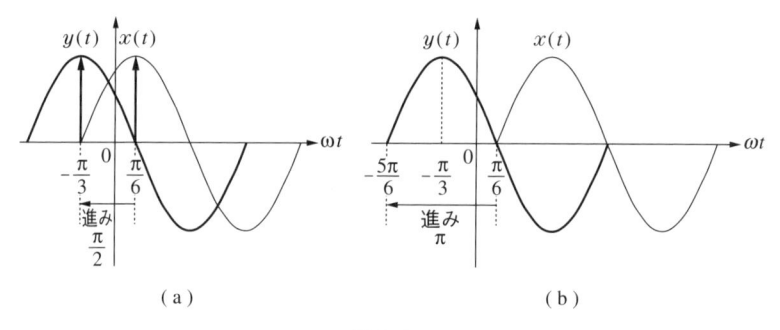

図 2.4

(2) 同様に $y(t)$ を変形して $x(t)$ との位相差が明らかになる形にすると

$$y(t) = \cos\left(\omega t + \dfrac{\pi}{3}\right) = \cos\left(\omega t - \dfrac{\pi}{2} + \dfrac{5\pi}{6}\right) = \sin\left(\omega t + \dfrac{5\pi}{6}\right)$$

$$= \sin\left(\omega t - \dfrac{\pi}{6} + \pi\right)$$

となり，$x(t)$ との位相差は $+\pi$，すなわち π だけ進んでいる[†] ことになる〔図 2.4 (b)〕． ◇

[†] 一周は 2π なので，位相が「π だけ進んでいる」波形と「π だけ遅れている」波形は同じであり，「π だけ遅れている」という答も正解となる〔図 2.4(b)〕．
　同様に，(1) に関しても「$\dfrac{\pi}{2}$ だけ進んでいる」ではなく「$2\pi - \dfrac{\pi}{2} = \dfrac{3\pi}{2}$ だけ遅れている」とも解釈できるが，位相差は，$0 \sim \pi$ の範囲を"進み"，$0 \sim -\pi$ の範囲を"遅れ"と表現するのが一般的である．

最後に，正弦波の平均値について考えておこう。式 (2.1) を例にとって説明する。もちろん，式 (2.2) についても同様である。まず，そのまま一周期にわたって平均してみる。

$$\langle x \rangle = \frac{1}{T} \int_0^T x(\tau)\, d\tau$$

$$= \frac{\omega A_m}{2\pi} \int_0^{\frac{2\pi}{\omega}} \cos(\omega\tau + \phi)\, d\tau = \frac{A_m}{2\pi} \Big[\sin(\omega\tau + \phi)\Big]_0^{\frac{2\pi}{\omega}} = 0 \quad (2.8)$$

ここに，$\langle x \rangle$ は一周期にわたって平均をとることを表す。したがって，正弦波はそのまま平均してもその値は 0 となってしまう。このような波形については，先に 2 乗してから平均し，その平方根をとるとよい。すなわち

$$\langle x \rangle_{rms} = \sqrt{\frac{1}{T} \int_0^T x(\tau)^2 d\tau} \tag{2.9}$$

を定義し，この平均 $\langle x \rangle_{rms}$ を **2 乗平均の平方根**（root mean square）または単に rms という。特に，正弦波にこれを適用すると，交流回路では有用な物理量が得られるので，この平均値を**実効値**（effective value）と呼んでいる。振幅 A_m と実効値 A_e の関係は

$$A_e = \langle x \rangle_{rms} = \sqrt{\frac{\omega A_m^2}{2\pi} \int_0^{\frac{2\pi}{\omega}} \cos^2(\omega\tau + \phi)\, d\tau} = \frac{1}{\sqrt{2}} A_m \tag{2.10}$$

である。したがって，振幅 A_m のかわりに実効値 A_e が指定された場合

$$x(t) = \sqrt{2}\, A_e \cos(\omega t + \phi) \tag{2.11}$$

となる。

一方，回路の状態の各時刻 t における値を**瞬時値**（instantaneous value）という。状態を時間関数で表すことを，**瞬時値表示**という。例えば，瞬時電圧，瞬時電力といえば，時間の関数で表された電圧や電力のことである。

交流回路では，すべての状態（例えば枝電圧，枝電流など）が時間の関数となる。本章でみるように，定常状態は正弦波で表される。したがって，正弦波に関する諸量の取扱いには，十分に慣れ親しんでおく必要がある。

（2） 交 流 電 源 いままでに述べた"時間的に変化する正弦波"により供給電圧が与えられる電圧源を**交流電圧源**（alternating voltage source, a.c. voltage source）という。

交流電圧源は，図 **2.5** (a) に示す記号で表され，その特性，すなわち電圧と電流の関係は

$$\left.\begin{array}{l} v(t) = e(t) = E_m \cos(\omega t + \phi) = \sqrt{2}\, E_e \cos(\omega t + \phi) \\ i(t) = 任意 \end{array}\right\} \quad (2.12)$$

で与えられる。同様に，**交流電流源**は，電圧と電流の関係が

$$\left.\begin{array}{l} v(t) = 任意 \\ i(t) = j(t) = J_m \cos(\omega t + \phi) = \sqrt{2}\, J_e \cos(\omega t + \phi) \end{array}\right\} \quad (2.13)$$

で与えられる。交流電流源は，定まった記号が見当たらないので，本書では直流の場合と同じ図 2.5 (b) に示す記号で表す。

なお，これらの交流電源においても，直流電源と同様に，電圧源は抵抗が 0，電流源はコンダクタンスが 0（抵抗が ∞）の素子である。

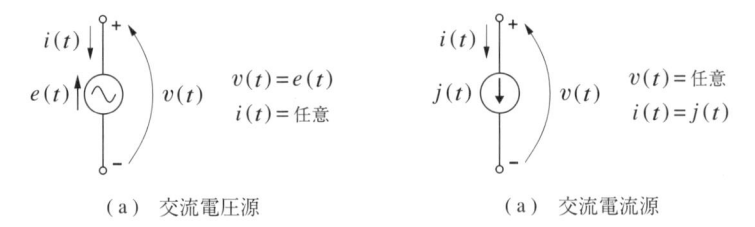

（a） 交流電圧源　　　　　　　　（a） 交流電流源

図 **2.5**　交流電圧源と交流電流源

2.2.2　抵 抗 素 子

抵抗素子は，交流回路においても直流回路の場合と同じ特性をもつ。すなわち，枝電圧 $v(t)$ と枝電流 $i(t)$ の間に次のオームの法則が成り立つ。

$$v(t) = R\, i(t) \quad あるいは \quad i(t) = G\, v(t) \quad (2.14)$$

抵抗素子を表す記号は，直流と同じ記号 ─\/\/\─ を用いる。

2.2.3 キャパシタ

電荷を蓄えておく素子が**キャパシタ**（capacitor）である。すなわち，キャパシタは，絶縁物（誘電体）を挟んで互いに向かい合った2枚の金属電極からなり，両電極に電圧をかけると電極に電荷が蓄えられるようになっている。このことからキャパシタは**コンデンサ**（蓄電器）とも呼ばれている。

いま，蓄積された電荷を q [C]，枝電圧を v [V] とする。このとき，**線形キャパシタ**（linear capacitor）の特性は

$$q(t) = C\,v(t) \tag{2.15}$$

で定まる。比例定数 C は**キャパシタンス**（capacitance）と呼ばれ，ファラド [F] の単位をもつ。キャパシタは，図 **2.6** の記号で表される。

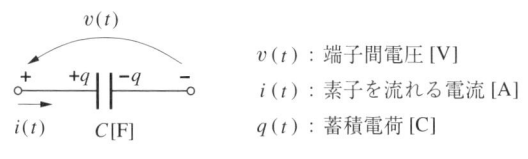

$v(t)$：端子間電圧 [V]
$i(t)$：素子を流れる電流 [A]
$q(t)$：蓄積電荷 [C]

図 **2.6** キャパシタを表す記号

キャパシタを流れる枝電流 $i(t)$ [A] は，蓄積された電荷 q の時間的変化であるから

$$i(t) = \frac{d\,q(t)}{dt} \tag{2.16}$$

である。これは電流の定義そのものにほかならない。したがって，キャパシタの枝電圧と枝電流の間の関係は，式 (2.15) を式 (2.16) に代入して

$$i(t) = C\frac{d\,v(t)}{dt} \quad \text{あるいは} \quad v(t) = \frac{1}{C}\int i(t)\,dt \tag{2.17}$$

となる。式 (2.17) では，電圧・電流特性が，時間微分を含む関係式で与えられている。このような素子を**動的素子**（dynamic element）ということがある。これに対して，抵抗は**静的素子**（static element）である。

【**課題 2.2**】 キャパシタに蓄えられる電気的エネルギーを調べてみよう。

2.2.4 インダクタ

導線に電流が流れると，その周辺に導線と鎖交する磁界が発生し磁気的エネルギーが蓄えられる。また，鎖交する磁束が時間的に変化すると導線に電圧が誘導される。前者をアンペアの法則，後者をファラデーの電磁誘導の法則という。これら二つの法則を集中定数素子としてモデル化した素子が**インダクタ**（inductor）である。インダクタは**コイル**とも呼ばれている。

いま，素子を流れる電流を $i(t)$ [A]，鎖交磁束を $\lambda(t)$ [Wb] とすると，**線形インダクタ**（linear inductor）の特性は

$$\lambda(t) = L\, i(t) \tag{2.18}$$

で表される。比例定数 L は**インダクタンス**（inductance）と呼ばれ，ヘンリー [H] の単位で測られる。インダクタは，図 **2.7** の記号で表される。

$v(t)$：端子間電圧 [V]
$i(t)$：素子を流れる電流 [A]
$\lambda(t)$：鎖交磁束 [Wb]

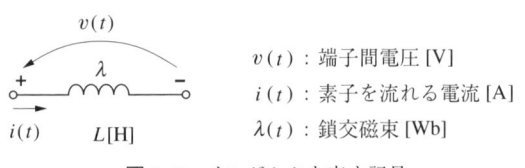

図 **2.7** インダクタを表す記号

鎖交磁束 $\lambda(t)$ が時間的に変化すると，枝電圧

$$v(t) = \frac{d\,\lambda(t)}{dt} \tag{2.19}$$

が誘起される。これはファラデーの電磁誘導の法則を回路的に表現したものである。この法則を用いて，インダクタの枝電圧・枝電流特性は

$$v(t) = L\frac{d\,i(t)}{dt} \tag{2.20}$$

となる。式 (2.20) より，電圧・電流特性が，時間微分を含む関係式で与えられているため，インダクタも動的素子である。

【**課題 2.3**】 インダクタに蓄えられる磁気的エネルギーを調べてみよう。

例題 2.2 図 2.8 の回路は，正弦波電圧源
$$e(t) = E_m \cos(\omega t + \theta)$$
に抵抗 R，キャパシタ C，インダクタ L を並列に接続した回路である．各素子を流れる電流，各素子で消費される電力を求めよ．

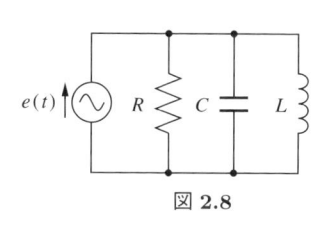

図 2.8

【解答】 まず，各素子 R, C, L は電圧源 $e(t)$ に並列に接続されているため，各素子の端子間電圧は $v_R(t) = v_C(t) = v_L(t) = e(t)$ となる．

(1) 抵抗を流れる電流 $i_R(t)$ は，式 (2.14) より
$$i_R(t) = \frac{v_R(t)}{R} = \frac{e(t)}{R} = \frac{E_m}{R} \cos(\omega t + \theta) = I_{Rm} \cos(\omega t + \theta)$$
となる（$I_{Rm} = E_m/R$ は電流の振幅）．これより，抵抗の場合，電流波形は電圧波形に対して，振幅が $1/R$ 倍，位相は同相の波形となる．

抵抗で消費される電力は，瞬時電力 $p(t)$ の定義より
$$p_R(t) = v_R(t)\, i_R(t) = \frac{E_m^2}{R}\cos^2(\omega t + \theta) = \frac{E_m^2}{2R}\left(1 + \cos 2(\omega t + \theta)\right)$$
$$= \frac{E_m^2}{2R} + \frac{E_m^2}{2R}\cos(2\omega t + 2\theta)$$
となる．これより，瞬時電力には電源電圧を 2 乗するため直流成分が加わり，交流成分の周期は π/ω と半分になることに注意しよう．平均電力 P_{Rav} は
$$P_{Rav} = \langle p_R \rangle = \frac{\omega}{\pi}\int_0^{\frac{\pi}{\omega}} p_R(\tau)\, d\tau = \frac{1}{2}\frac{E_m^2}{R} = \frac{1}{2}R\,I_{Rm}^2 = \frac{1}{2}V_{Rm}\,I_{Rm}$$
となる．ここで，電源電圧の実効値を E_e，電流の実効値を I_{Re} とすると
$$E_m = \sqrt{2}\,E_e, \qquad I_{Rm} = \sqrt{2}\,I_{Re}$$
であり，平均電力を実効値を用いて表現すると
$$P_{Rav} = \frac{E_e^2}{R} = R\,I_{Re}^2 = V_{Re}\,I_{Re}$$
となる．すなわち，平均電力は，振幅による表現では $1/2$ という係数が付き，実効値による表現では直流電力と同じになる．この理由から電気工学では，正弦波の表現に実効値が用いられる．

(2) キャパシタを流れる電流 $i_C(t)$ は，式 (2.17) より

$$i_C(t) = C\frac{dv_C(t)}{dt} = C\frac{de(t)}{dt} = -\omega C E_m \sin(\omega t + \theta)$$
$$= \omega C E_m \cos\left(\omega t + \theta + \frac{\pi}{2}\right) = I_{Cm}\cos\left(\omega t + \theta + \frac{\pi}{2}\right)$$

となる（$I_{Cm} = \omega C E_m$ は電流の振幅）。これより，キャパシタの場合，電流波形は電圧波形に対して，振幅が ωC 倍，位相が $\pi/2$ だけ進んだ波形となる。

キャパシタで消費される瞬時電力は

$$p_C(t) = v_C(t)\,i_C(t) = -\omega C E_m^2 \sin(\omega t + \theta)\cos(\omega t + \theta)$$
$$= -\frac{1}{2}\omega C E_m^2 \sin 2(\omega t + \theta) = -\omega C E_e^2 \sin(2\omega t + 2\theta)$$

となり，平均電力 $P_{Cav} = 0$ となる。

(3) インダクタを流れる電流 $i_L(t)$ は，式 (2.20) より

$$L\frac{di_L(t)}{dt} = v_L(t) = e(t) = E_m \cos(\omega t + \theta)$$

これを積分して

$$i_L(t) = \frac{E_m}{\omega L}\sin(\omega t + \theta) = I_{Lm}\cos\left(\omega t + \theta - \frac{\pi}{2}\right)$$

となる（$I_{Lm} = E_m/\omega L$ は電流の振幅）。これより，インダクタの場合，電流波形は電圧波形に対して，振幅が $1/\omega L$ 倍，位相が $\pi/2$ だけ遅れた波形となる。

インダクタで消費される瞬時電力は

$$p_L(t) = v_L(t)\,i_L(t) = \frac{E_m^2}{\omega L}\sin(\omega t + \theta)\cos(\omega t + \theta)$$
$$= \frac{1}{2}\frac{E_m^2}{\omega L}\sin 2(\omega t + \theta) = \frac{E_e^2}{\omega L}\sin(2\omega t + 2\theta)$$

となり，インダクタもまた平均電力 $P_{Lav} = 0$ となる。

上記の結果からもわかるように，キャパシタやインダクタの瞬時電力は sin 関数で与えられる。これは，これらの素子に電気的エネルギーが蓄えられたり，これらの素子から電気的エネルギーが放出されたりしていることを表している。しかし，どちらも平均電力は 0 となる。このような瞬時電力の振幅は**無効電力**と呼ばれる。

一方，抵抗の瞬時電力には直流成分が存在し，平均電力は 0 にはならない。このような電力は**有効電力**と呼ばれる。 ◇

2.3 交流回路の定常状態と過渡状態

簡単な回路を解析することによって，交流回路の状態が時間の経過と共にどう変化するかをみておく．すなわち，交流回路の電圧や電流は時間と共に消滅してしまう**過渡状態** (transient state) と，その後も観察される**定常状態** (steady state) の和になっていることを示す．

図 2.9 の回路のような，交流電圧源を印加した RL 回路がある．時刻 $t=0$ においてスイッチ SW を閉じる．その後，回路に流れる電流を求めてみよう．

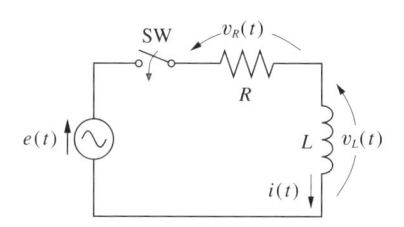

図 2.9 交流電源を印加した RL 回路

（1） 回路方程式 スイッチ SW を閉じた後，任意の時刻において KCL および KVL が成立している．また，枝電流や枝電圧は各素子特性を満たしている．いま，インダクタ L を流れる電流 $i(t)$ を網目電流と考えると，KCL は自動的に満され，KVL は

$$v_L(t) + v_R(t) = e(t) \tag{2.21}$$

となる．また，各素子の特性は

$$\left.\begin{aligned} e(t) &= E_m \cos(\omega t + \theta) = \sqrt{2}\, E_e \cos(\omega t + \theta) \\ v_R(t) &= R\, i(t) \\ v_L(t) &= L\, \frac{d\, i(t)}{dt} \end{aligned}\right\} \tag{2.22}$$

となる．そこで，式 (2.22) を式 (2.21) に代入し

$$L \frac{d\, i(t)}{dt} + R\, i(t) = E_m \cos(\omega t + \theta) \tag{2.23}$$

を得る。これが回路方程式である。式 (2.23) は，電流 $i(t)$ を未知関数とする線形定係数 1 階常微分方程式となっている。この方程式は，右辺に時間の関数があるので非同次方程式である。

（2） 回路方程式の一般解　非同次方程式 (2.23) の一般解は，同次方程式

$$L\frac{di(t)}{dt} + Ri(t) = 0 \tag{2.24}$$

の一般解 $i_t(t)$ と式 (2.23) を満たす一つの特殊解 $i_s(t)$ を加えた関数で表される。すなわち

$$i(t) = i_t(t) + i_s(t) \tag{2.25}$$

の形となる。

次に，これらを別々に求めてみよう。

● **同次方程式の一般解**　線形定係数同次方程式の解は，一般に指数関数で表される。そこで，式 (2.24) の一般解を

$$i_t(t) = Ke^{\mu t} \quad (K：任意定数) \tag{2.26}$$

とおき，μ を求める。式 (2.26) を式 (2.24) に代入すると

$$LK\mu e^{\mu t} + RKe^{\mu t} = 0 \quad \Rightarrow \quad L\mu + R = 0$$

が得られ，これより $\mu = -R/L$ となる。したがって，式 (2.26) は

$$i_t(t) = Ke^{-\frac{R}{L}t} \tag{2.27}$$

となる。これが同次方程式 (2.24) の**一般解**（general solution）である。この解は時間の経過と共に 0 に収束する。これは回路の**過渡状態**に対応している。

● **非同次方程式の特殊解**　式 (2.23) の右辺は電圧源に対応し，周期 $2\pi/\omega$ の周期関数である。このような場合，解にも同じ周期 $2\pi/\omega$ の周期関数となる解がただ一つ存在する。実際，この特殊解は以下のように求めることができる。

式 (2.23) の周期解を

$$i_s(t) = I_m \cos(\omega t + \theta - \phi) \tag{2.28}$$

とおき，振幅 I_m と位相 ϕ を未知数として計算する．式 (2.28) を式 (2.23) に代入し整理すると

$$\{(R\cos\phi + \omega L \sin\phi)I_m - E_m\}\cos(\omega t + \theta)$$
$$+ (R\sin\phi - \omega L \cos\phi)I_m \sin(\omega t + \theta) = 0$$

となる．時刻 t のいかなる値に対してもこの式が成立するためには，$\cos(\omega t + \theta)$ と $\sin(\omega t + \theta)$ の係数が 0 でなければならないので

$$(R\cos\phi + \omega L \sin\phi)I_m = E_m$$
$$(R\sin\phi - \omega L \cos\phi)I_m = 0$$

が得られ，両式を 2 乗して加えると

$$(R^2 + \omega^2 L^2)I_m^2 = E_m^2 \quad \Rightarrow \quad I_m = \frac{E_m}{\sqrt{R^2 + \omega^2 L^2}} \tag{2.29}$$

位相 ϕ は先の第 2 式の $R\sin\phi - \omega L \cos\phi = 0$ より

$$\tan\phi = \frac{\omega L}{R} \quad \Rightarrow \quad \phi = \tan^{-1}\frac{\omega L}{R} \tag{2.30}$$

となる．これらを式 (2.28) に代入して

$$i_s(t) = \frac{E_m}{\sqrt{R^2 + \omega^2 L^2}} \cos(\omega t + \theta - \phi) \tag{2.31}$$

を得る．これは回路の**定常状態**に対応している．

- **非同次方程式の一般解**　　非同次方程式 (2.23) の一般解は，式 (2.25), (2.27), (2.31) より

$$i(t) = K e^{-\frac{R}{L}t} + \frac{E_m}{\sqrt{R^2 + \omega^2 L^2}} \cos(\omega t + \theta - \phi) \tag{2.32}$$

となる．この第 1 項が**過渡状態**を表す解，第 2 項が交流電源に起因した**定常状態**を表す解である．スイッチを閉じて十分時間が経過すると過渡解は 0 に収束し，定常解のみとなることに注目してほしい．

(3) 回路の状態の決定　式 (2.32) には，任意定数 K が含まれている。これを定めるには，スイッチを閉じた時刻の電流の値を使えばよい。すなわち，**初期値**（initial value）を与えると，解は一意的に決定できる。

スイッチを閉じた時刻 $t=0$ では $i(0)=0$ であるから，これを式 (2.32) に代入すると

$$i(0) = 0 = K + \frac{E_m}{\sqrt{R^2 + \omega^2 L^2}} \cos(\theta - \phi)$$

したがって

$$K = -\frac{E_m}{\sqrt{R^2 + \omega^2 L^2}} \cos(\theta - \phi)$$

となる。これより回路を流れる電流は

$$\left.\begin{aligned} i(t) &= \frac{E_m}{\sqrt{R^2 + \omega^2 L^2}} \left[-e^{-\frac{R}{L}t} \cos(\theta - \phi) + \cos(\omega t + \theta - \phi) \right] \\ \phi &= \tan^{-1} \frac{\omega L}{R} \end{aligned}\right\} \quad (2.33)$$

と一意的に定められる。この電流の波形の一例を図 **2.10** に示す。

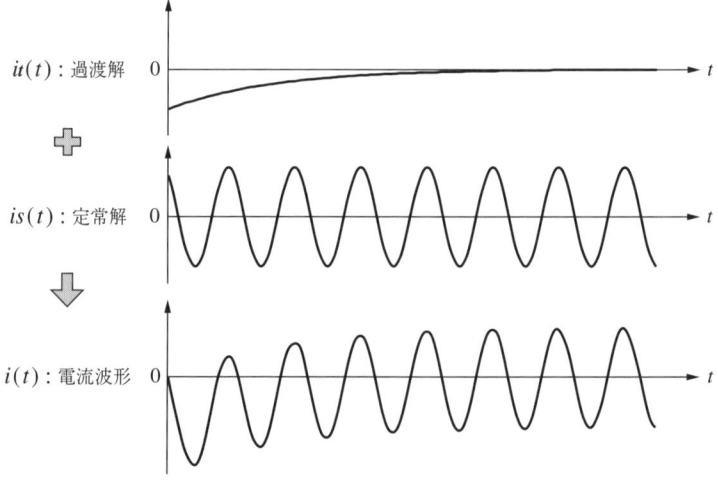

図 **2.10**　過渡状態 + 定常状態 = 電流波形

3 交流回路の解析（記号法）

3.1 はじめに

　この章では，交流電源が加えられた線形回路の定常状態を解析する方法を述べる。この方法は一般に**記号法**（symbolic method）と呼ばれ，電気回路理論の中で主要な解析方法の一つとなっている。

　記号法は，時間の関数である三角関数を複素指数関数に置き換え，回路の諸計算を著しく簡潔に行う方法であり，交流回路の定常状態は，複素直流回路の状態と見なして解析できる。このことから，回路の性質は複素抵抗であるインピーダンスやその逆数のアドミタンスを用いて表現でき，1章で学んだ直流回路の解析法をそのまま交流回路の解析法として適用できる。

　記号法は，交流回路の解析のみならず線形系の解析の際には必ずといってよいほど使用される手法である。豊富な応用をもつ本手法はまた，各分野によって少しずつ違った解析方法として定着している。したがって，これらの手法が原理的に記号法であることが理解できるように，十分に適用範囲や解析原理を把握しておく必要がある。さらに，複素数の計算には習熟しておかなければならない。

　◇ 考え方の基本を理解すること
　◇ 計算力を身につけておくこと   ｝ は，回路解析のための車の両輪といえる。

3.2 複素指数関数による電圧・電流

前節では，定常状態を表す周期解 (2.31) を直接計算した．この計算過程を振り返ってみると

1. 簡単な回路については計算はさほど難しくはないが，回路が複雑になると計算の過程の見通しが悪くなる．
2. 計算の過程において回路の物理的性質が反映されていない．

などの問題点がある．この原因の一つに，三角関数を微分する際，sin は cos に，また cos は −sin にと，関数の形が変わってしまうことがあげられる．

そこで，次の性質に着目する．

1. 指数関数は，微分してもその関数の形を変えない唯一の関数である．
2. 指数関数と三角関数との間には，**オイラー（Euler）の公式**がある．

$$e^{j\alpha} = \cos\alpha + j\sin\alpha \tag{3.1}$$

ここで，$j = \sqrt{-1}$ は**虚数単位**を表す．また，この公式を使用すると，三角関数は指数関数によって

$$\left.\begin{array}{l} \cos\alpha = \dfrac{1}{2}\left(e^{j\alpha} + e^{-j\alpha}\right) = \mathrm{Re}\left(e^{j\alpha}\right) \\ \sin\alpha = \dfrac{1}{2j}\left(e^{j\alpha} - e^{-j\alpha}\right) = \mathrm{Im}\left(e^{j\alpha}\right) \end{array}\right\} \tag{3.2}$$

と表すことができる．ただし，$\mathrm{Re}(z)$ は複素数 z の**実部**（real part）を，$\mathrm{Im}(z)$ は複素数 z の**虚部**（imaginary part）を表す．

この式 (3.2) を用いて電源電圧の三角関数を指数関数で置き換え，図 2.9 の回路の定常状態を求める問題を解いてみる．電源電圧は式 (3.2) より

$$\begin{aligned} E_m\cos(\omega t + \theta) &= \frac{E_m}{2}\left(e^{j(\omega t+\theta)} + e^{-j(\omega t+\theta)}\right) \\ &= \mathrm{Re}\left(E_m e^{j(\omega t+\theta)}\right) \end{aligned} \tag{3.3}$$

であるから，回路方程式 (2.23) は

$$L\frac{di(t)}{dt} + Ri(t) = \frac{E_m}{2}\left(e^{j(\omega t+\theta)} + e^{-j(\omega t+\theta)}\right) \tag{3.4}$$

と書き直すことができる。この方程式の周期解を求めるために，まず

$$L\frac{di(t)}{dt} + Ri(t) = E_m\, e^{j(\omega t+\theta)} \tag{3.5}$$

の周期解

$$i(t) = z(t) \tag{3.6}$$

が求められたと仮定しよう。すると

$$L\frac{dz(t)}{dt} + Rz(t) = E_m\, e^{j(\omega t+\theta)}$$

である。そこで，この両辺の共役複素数（虚部の符号が反転した複素数）をとり

$$L\frac{d\overline{z(t)}}{dt} + R\overline{z}(t) = E_m\, e^{-j(\omega t+\theta)}$$

これらを加えて 2 で割ると

$$L\frac{d}{dt}\left(\frac{z(t)+\overline{z}(t)}{2}\right) + R\left(\frac{z(t)+\overline{z}(t)}{2}\right) = \frac{E_m}{2}\left(e^{j(\omega t+\theta)} + e^{-j(\omega t+\theta)}\right)$$

したがって，式 (3.4) の周期解 $i_s(t)$ は

$$i_s(t) = \frac{z(t)+\overline{z}(t)}{2} = \mathrm{Re}\bigl(z(t)\bigr) \tag{3.7}$$

より求めることができる。以上のことから

> 元の回路方程式 (2.23) の周期解を求める問題は，電源電圧を指数関数に置き換えた回路方程式 (3.5) の周期解 (3.6) を求める問題に帰着でき，その周期解の実部が求めたい解に相当している

ことがわかった。

そこで，実際に，式 (3.5) の周期解 (3.6) を

$$i(t) = z(t) = I_m\, e^{j(\omega t+\theta)} \tag{3.8}$$

とおき，複素振幅 I_m を求めてみよう。式 (3.5) に代入すると

$$j\omega L\, I_m\, e^{j(\omega t+\theta)} + R I_m\, e^{j(\omega t+\theta)} = E_m\, e^{j(\omega t+\theta)}$$

両辺を $e^{j(\omega t+\theta)}$ で割ると

$$j\omega L\, I_m + R I_m = E_m \quad \Rightarrow \quad (R+j\omega L)\, I_m = E_m \tag{3.9}$$

を得る。これを解いて

$$\left.\begin{array}{l} I_m = \dfrac{E_m}{R+j\omega L} = \dfrac{E_m}{\sqrt{R^2+\omega^2 L^2}\, e^{j\phi}} = \dfrac{E_m}{\sqrt{R^2+\omega^2 L^2}}\, e^{-j\phi} \\ \phi = \tan^{-1}\dfrac{\omega L}{R} \end{array}\right\} \tag{3.10}$$

となる。これを式 (3.8) に代入すると

$$i(t) = z(t) = I_m\, e^{j(\omega t+\theta)} = \dfrac{E_m}{\sqrt{R^2+\omega^2 L^2}}\, e^{j(\omega t+\theta-\phi)} \tag{3.11}$$

が得られ，元の周期解は

$$i_s(t) = \mathrm{Re}\bigl(z(t)\bigr) = \dfrac{E_m}{\sqrt{R^2+\omega^2 L^2}} \cos\left(\omega t + \theta - \tan^{-1}\dfrac{\omega L}{R}\right) \tag{3.12}$$

と求められる。これは，定常状態を表す解 (2.31) にほかならない。

計算過程の式 (3.9) に注目してみよう。この式は，直流電圧源 E_m に，抵抗 R と大きさ $j\omega L$ の抵抗（**複素抵抗**）を直列に接続した場合の回路方程式になっている。すなわち，図 2.9 の交流回路を，**図 3.1** のように複素抵抗と直流電圧源からなる**複素直流回路**に変換して解いたことになる。これが，次節に述べる「記号法」の考え方である。

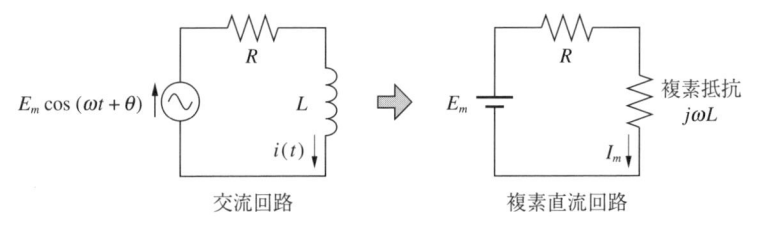

図 3.1　交流回路から複素直流回路への変換

例題 3.1 例題 2.2 の交流回路，すなわち，3 種類の基本回路素子，抵抗 R，キャパシタ C，およびインダクタ L のそれぞれに

$$e(t) = E_m e^{j(\omega t + \theta)}$$

の複素電圧を加えた場合に，各素子を流れる電流 $i(t)$ を求めよ。

【解答】 流れる電流を $i(t) = I_m e^{j(\omega t + \theta)}$ と仮定する。

(1) 抵抗の電圧・電流特性

$$v(t) = R\,i(t)$$

に $e(t)$, $i(t)$ を代入すると

$$E_m e^{j(\omega t+\theta)} = R\,I_m e^{j(\omega t+\theta)} \Rightarrow E_m = R\,I_m$$
$$\Rightarrow I_m = \frac{1}{R}\,E_m$$

が得られる。

(2) キャパシタの電圧・電流特性

$$i(t) = C\,\frac{d\,v(t)}{dt}$$

に $e(t)$, $i(t)$ を代入すると

$$I_m e^{j(\omega t+\theta)} = j\omega C E_m e^{j(\omega t+\theta)} \Rightarrow I_m = j\omega C E_m = \omega C E_m\, e^{j\frac{\pi}{2}}$$
$$\Rightarrow E_m = \frac{1}{j\omega C}\,I_m$$

が得られ，**キャパシタの複素抵抗**は $\dfrac{1}{j\omega C}$ となる。

(3) インダクタの電圧・電流特性

$$v(t) = L\,\frac{d\,i(t)}{dt}$$

に $e(t)$, $i(t)$ を代入すると

$$E_m e^{j(\omega t+\theta)} = j\omega L\,I_m e^{j(\omega t+\theta)} \Rightarrow E_m = j\omega L\,I_m$$
$$\Rightarrow I_m = \frac{1}{j\omega L}\,E_m = \frac{1}{\omega L}\,E_m\, e^{-j\frac{\pi}{2}}$$

が得られ，**インダクタの複素抵抗**は $j\omega L$ となる。 ◇

例題 3.1 をまとめると，抵抗 R，キャパシタ C，およびインダクタ L にかかる枝電圧を $v(t) = E_m e^{j(\omega t+\theta)}$ と考えた場合，流れる枝電流 $i(t) = I_m e^{j(\omega t+\theta)}$ は表 3.1 となる。

表 3.1 枝電圧を $E_m e^{j(\omega t+\theta)}$ とした場合に流れる枝電流 $I_m e^{j(\omega t+\theta)}$

素 子	複素抵抗	流れる枝電流		
		複素振幅 I_m	振幅 $|I_m|$	位 相
抵 抗	R	$\dfrac{1}{R}E_m$	$\dfrac{1}{R}E_m$	同 相
キャパシタ	$\dfrac{1}{j\omega C}$	$j\omega C E_m$	$\omega C E_m$	$\dfrac{\pi}{2}$ 進み
インダクタ	$j\omega L$	$\dfrac{1}{j\omega L}E_m$	$\dfrac{1}{\omega L}E_m$	$\dfrac{\pi}{2}$ 遅れ

【注意】

1. 電圧および電流の振幅 E_m, I_m とその実効値 E_e, I_e の関係は，式 (2.11) でも述べたように，実効値の $\sqrt{2}$ 倍が振幅になり

$$E_m = \sqrt{2}\, E_e, \quad I_m = \sqrt{2}\, I_e$$

である。したがって，電圧・電流に実効値を用いた場合においても表 3.1 の関係はそのまま成り立つ。また，瞬時値表示に直す場合も $\sqrt{2}$ 倍の関係を用いればよく，例えば，キャパシタの場合

$$I_m = j\omega C E_m \quad \Rightarrow \quad |I_m| = \omega C E_m, \quad \phi = \dfrac{\pi}{2}$$

より，電流の瞬時値は

$$\begin{aligned} i(t) &= |I_m|\cos(\omega t + \theta + \phi) = \omega C E_m \cos\left(\omega t + \theta + \dfrac{\pi}{2}\right) \\ &= \sqrt{2}\,|I_e|\cos(\omega t + \theta + \phi) = \sqrt{2}\,\omega C E_e \cos\left(\omega t + \theta + \dfrac{\pi}{2}\right) \end{aligned}$$

となる。

2. 交流電圧源が cos 関数ではなく sin 関数の場合においても，いままでに述べた複素抵抗などの考え方はそのままであり，瞬時値に直すとき，例えば先の式において cos 関数ではなく sin 関数を用いればよいだけである。

3. 複素指数関数を用いると，図 2.3 や例題 2.1 で述べた二つの正弦波の位相差が簡単に算出できる。例えば

例題 2.1 (1) $x(t) = \cos\left(\omega t - \dfrac{\pi}{6}\right)$, $y(t) = \cos\left(\omega t + \dfrac{\pi}{3}\right)$

これらの $x(t), y(t)$ を複素指数関数を用いて表現すると

$$x(t) = e^{j\left(\omega t - \frac{\pi}{6}\right)} = e^{j\omega t}e^{-j\frac{\pi}{6}}, \quad y(t) = e^{j\left(\omega t + \frac{\pi}{3}\right)} = e^{j\omega t}e^{j\frac{\pi}{3}}$$

のように，対象とする正弦波が実部になるような形で複素指数関数を用いて表現できる。そして，$x(t)$ に対する $y(t)$ の位相差は

$$\frac{y(t)}{x(t)} = \frac{e^{j\omega t}e^{j\frac{\pi}{3}}}{e^{j\omega t}e^{-j\frac{\pi}{6}}} = e^{j\frac{\pi}{3}}e^{j\frac{\pi}{6}} = e^{j\frac{\pi}{2}}$$

より，$\dfrac{\pi}{2}$（符号が＋なので進み）と求められる。

例題 2.1 (2) $x(t) = \sin\left(\omega t - \dfrac{\pi}{6}\right)$, $y(t) = \cos\left(\omega t + \dfrac{\pi}{3}\right)$

同様に $x(t), y(t)$ を複素指数関数を用いて表現すると

$$x(t) = \frac{1}{j}e^{j\left(\omega t - \frac{\pi}{6}\right)} = e^{j\omega t}e^{-j\frac{\pi}{6}}e^{-j\frac{\pi}{2}}, \quad y(t) = e^{j\left(\omega t + \frac{\pi}{3}\right)} = e^{j\omega t}e^{j\frac{\pi}{3}}$$

と表現できる。ただし，$x(t)$ は元の関数が sin であるため，それを複素指数関数の実部にするために $\dfrac{1}{j}$ され，結果として $e^{-j\frac{\pi}{2}}$ が付加された形となる。したがって，$x(t)$ に対する $y(t)$ の位相差は

$$\frac{y(t)}{x(t)} = \frac{e^{j\omega t}e^{j\frac{\pi}{3}}}{e^{j\omega t}e^{-j\frac{\pi}{6}}e^{-j\frac{\pi}{2}}} = e^{j\frac{\pi}{3}}e^{j\frac{\pi}{6}}e^{j\frac{\pi}{2}} = e^{j\pi}$$

より，π（進み）と求まる。

以上のように，対象とする正弦波を実部とする形の複素指数関数で表現すれば，二つの正弦波の位相差は "割算" により求められる。

ただし位相差は，$0 \sim \pi$ のとき "進み"，$-\pi \sim 0$ のとき "遅れ" と解釈するのが一般的である。このため，必要ならば求めた位相差に 2π を加え（または引いて）結果が $-\pi \sim \pi$ の範囲に入るようにするとよい。

3.3 記号法による解析

前節に述べた議論および例題をもとに，複素指数関数を用い交流回路の定常状態を求める方法を整理してみよう．すなわち，交流回路の定常状態の解析を複素直流回路の解析に変換する解法を考えよう．これは交流回路を解析する主要な方法の1つであり，**記号法** (symbolic method)，**フェーザ法** (phasor method)，**複素振幅の方法**など種々の名称で知られている．本書では単に記号法と呼ぶことにする．

3.3.1 記号法を使った定常状態の解析手順

まず，記号法は，線形交流回路の定常状態を求める場合に適用できる．そこで，抵抗，キャパシタ，インダクタから構成された図 **3.2** (a) の回路に，交流電圧源として

$$e(t) = E_m \cos(\omega t + \theta) = \sqrt{2}\, E_e \cos(\omega t + \theta) \tag{3.13}$$

が加えられた場合を考えよう．ただし，$E_e = E_m/\sqrt{2}$ は実効値を表す．

記号法による解法の手順は，(1)〜(3) に示す3段階に分けられる．

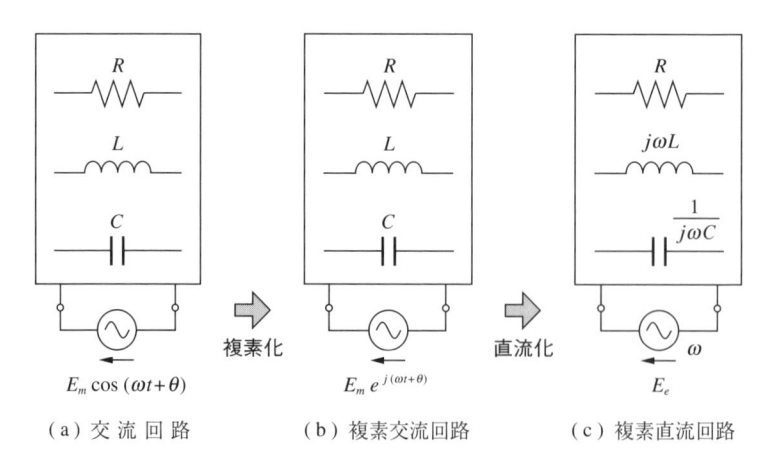

（a）交 流 回 路　　　　（b）複素交流回路　　　　（c）複素直流回路

図 **3.2**　交流回路 ⇒ 複素交流回路 ⇒ 複素直流回路への変換

（ 1 ） 回路の複素化：元の交流回路の複素交流回路への変換　　元の回路の交流電圧源 (3.13) を

$$e(t) = E_m\, e^{j(\omega t+\theta)} = \sqrt{2}\, E_e\, e^{j(\omega t+\theta)} \tag{3.14}$$

で置き換えた回路をつくる〔図 3.2 (b)〕．この置き換え操作を**回路の複素化**，出来上がった回路を**複素交流回路**と呼ぶことにしよう．

（ 2 ） 回路の直流化：複素交流回路の複素直流回路への変換　　回路の線形性，および時間的に $e^{j(\omega t+\theta)}$ で変化する回路の定常状態を求めるという仮定から

$$\text{電　圧　源}: V = E_e \ \text{（実効値）} \tag{3.15}$$

$$\left.\begin{array}{l}\text{抵　　　抗}: V = R\,I \\ \text{キャパシタ}: V = \dfrac{1}{j\omega C}\,I \\ \text{インダクタ}: V = j\omega L\,I\end{array}\right\} \text{素子特性} \tag{3.16}$$

とおいた**複素直流回路**をつくる〔図 3.2 (c)〕．この回路では，電圧・電流など回路の状態はすべて複素数で表される．これを状態の**複素数表示**という．なお，複素直流電源の記号は，交流電源の記号をそのまま流用することにする．また，式 (3.16) の抵抗，キャパシタ，インダクタの素子特性は，枝電圧と枝電流が比例しているので，複素抵抗特性とみなすことができる．この複素抵抗値を**複素インピーダンス** (complex impedance) という．

（ 3 ） 解析と逆変換　　複素直流回路を直流解析する．すなわち，1 章で述べた節点解析や網目解析を用いて必要な電圧や電流を求める．求められた解は複素数であり，その大きさは実効値である．必要ならば，解析結果を逆変換し，元の回路の状態の瞬時値表示を求める．例えば，得られた解が

$$I = A + jB$$

という複素数（この形を**直角座標表示**という）であれば，それを**極座標表示**

の形に直すと

$$I = |I|e^{j\phi}, \quad \text{ただし、} \quad |I| = I_e = \sqrt{A^2 + B^2}, \quad \phi = \tan^{-1}\frac{B}{A}$$

なので，その瞬時値表示は，実効値であることを考慮して

$$i(t) = \mathrm{Re}\left(\sqrt{2}\,I\,e^{j(\omega t + \theta)}\right) = \sqrt{2}\,I_e\cos(\omega t + \theta + \phi) \tag{3.17}$$

と求められる。

【注意】

1. 手順 (2) の電圧源には $V = E_e$ と実効値を用いた。したがって，手順 (3) で求められる解も実効値であり，式 (3.17) のように瞬時値に戻す際には $\sqrt{2}$ の係数が必要になった。このように，回路の状態変数に実効値を用いた複素直流回路を**実効値モデル**と呼ぶ。なお，実効値を表す変数には大文字 V, I などを用い，瞬時値を表す変数には小文字 $v(t)$, $i(t)$ などを用いるのが一般的であり，覚えておくとよい。

   一方，手順 (2) の電圧源に $V = E_m$ と振幅を用いれば，得られる解も振幅になり，式 (3.17) の $\sqrt{2}$ も不必要になる。このように，回路の状態変数に振幅を用いる複素直流回路を**振幅モデル**と呼ぶ。

   一般に，電気工学では実用上の便利さから，実効値モデルを用いる。瞬時値への変換が問題となるような場合には，振幅モデルのほうが便利であろう。これらの対応は，目的に応じて使い分けるとよい。

2. 式 (3.13) において，電圧源を cos 関数と仮定した。これを sin 関数とした場合も，記号法はまったく変更なしに使用できる。この場合，逆変換 (3.17) において，虚部 Im をとり sin 関数を用いることになる。

3. 交流電流源の場合にも，記号法はまったく同様の手続きで適用できる。

4. 複数個の周波数をもつ電源を含む回路では，各周波数の電源について記号法を適用し複素直流回路を解析し，それらを複素交流回路（あるいは元の交流回路）に逆変換した後で重ね合わせの理を用いて加え合わせればよい。複素直流回路の状態を重ね合わせても意味がない。

3.3 記号法による解析

例題 3.2 抵抗，キャパシタ，およびインダクタの各素子について，電圧・電流の関係式 (3.16) を複素平面上で図示し，位相の差異を説明せよ．

【解答】 電圧を基準にして，電流の複素表示をみることにしよう．式 (3.16) より

$$抵抗 : I = \frac{V}{R}$$

$$キャパシタ : I = j\omega C V$$

$$インダクタ : I = \frac{V}{j\omega L} = -j\frac{V}{\omega L}$$

となる．これらを，電圧を基準として実軸上にとり，各電流を複素平面上に図示すると図 **3.3** になる．

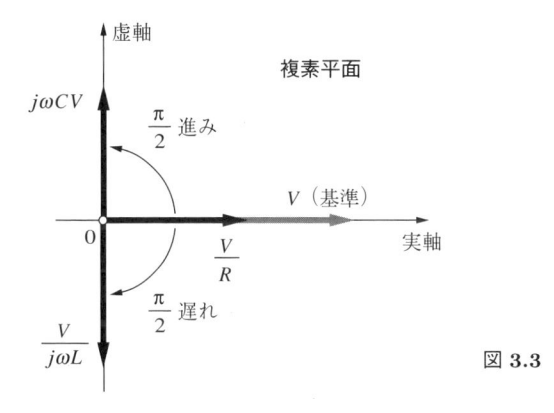

図 3.3

各電流の絶対値，位相角や電流間の位相関係を直感的に理解するのに便利である． ◇

【注意】 電圧・電流など複素数表示された状態を複素平面上に図示したものを**ベクトル** (vector) または**フェーザ** (phasor) と呼んでいる．またこれらが描かれた図を**ベクトル図** (vector diagram) あるいは**フェーザ図** (phasor diagram) という．状態の間の定性的な関係，すなわち振幅や位相の関係をみるのに有用である．なお，ベクトルという言葉が，力学で用いる力や速度のベクトルと混同しやすいので，フェーザという言葉を用いることもある．

例題 3.3 図 3.4 に示す RL 交流回路を記号法を用いて解け。

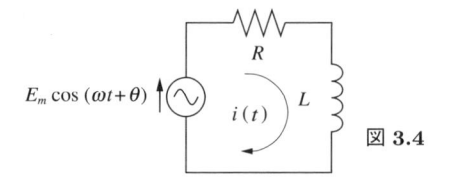

図 3.4

【解答】 先に示した手順により，図 3.5 の複素直流回路に変換し，直流解析を行う。この回路は二つの複素抵抗の直列回路であるから，回路方程式は

$$(R + j\omega L) I = E_e \quad \left(= E_m/\sqrt{2}\right)$$

となる。したがって電流 I は

$$I = \frac{E_e}{R + j\omega L} = I_e e^{j\phi}$$

$$I_e = |I| = \frac{E_e}{\sqrt{R^2 + \omega^2 L^2}}$$

$$\phi = \angle I = -\tan^{-1}\frac{\omega L}{R}$$

となる。ここで，記号 $\angle$ は複素平面における偏角を意味する。図 3.6 に電圧・電流をベクトルとして描き，それらの関係を図示した。

図 3.5

図 3.6

瞬時電流 $i(t)$ を求めると

$$i(t) = \mathrm{Re}\left(\sqrt{2}\, I\, e^{j(\omega t + \theta)}\right) = \frac{\sqrt{2}\, E_e}{\sqrt{R^2 + \omega^2 L^2}} \cos\left(\omega t + \theta - \tan^{-1}\frac{\omega L}{R}\right)$$

となる。 ◇

【注意】 一般に回路解析から導出される複素数は $z = \dfrac{A + jB}{C + jD}$ という形になることが多い。このとき，複素数 z の大きさや偏角は

$$\left.\begin{aligned}|z| &= \frac{|\,\text{分子}\,|}{|\,\text{分母}\,|} = \frac{\sqrt{A^2 + B^2}}{\sqrt{C^2 + D^2}} \\ \angle z &= \angle\text{分子} - \angle\text{分母} = \tan^{-1}\frac{B}{A} - \tan^{-1}\frac{D}{C}\end{aligned}\right\} \tag{3.18}$$

と，複素数を有理化しなくても，分母・分子から求められることを覚えておくと計算が簡単になる。

3.3 記号法による解析　55

例題 3.4　例題 3.3 の回路において，電圧源の角周波数 ω が $0 \sim \infty$ に変化したとき，流れる電流はどのように変化するか求めよ．

【解答】　例題 3.3 より，流れる電流 I は
$$I = \frac{E_e}{R + j\omega L} = |I|e^{j\phi}, \quad |I| = \frac{E_e}{\sqrt{R^2 + \omega^2 L^2}}, \quad \phi = -\tan^{-1}\frac{\omega L}{R}$$
この式において，ω が $0 \sim \infty$ に変化したときを考えると

- $\omega = 0$ の場合，$|I| = \dfrac{E_e}{R}$，$\phi = 0$ である．
- ω を少しずつ大きくすると，$|I|$ は少しずつ小さくなり，ϕ はその絶対値が少しずつ大きくなる．
- $\omega = \dfrac{R}{L}$ の場合，$\omega L = R$ なので，$|I| = \dfrac{E_e}{\sqrt{2}R}$，$\phi = -\dfrac{\pi}{4}$ である．
- $\omega = \infty$ の場合，$|I| = 0$，$\phi = -\dfrac{\pi}{2}$ である．

これらをベクトル図に表すと図 **3.7** のようになり，電流 I のベクトルの先端は半円を描く．これは
$$I = \frac{RE_e}{R^2 + \omega^2 L^2} - j\frac{\omega L E_e}{R^2 + \omega^2 L^2}$$
の実部を x，虚部を y とすると
$$x = \frac{R}{R^2 + \omega^2 L^2} E_e$$
$$y = -\frac{\omega L}{R^2 + \omega^2 L^2} E_e$$

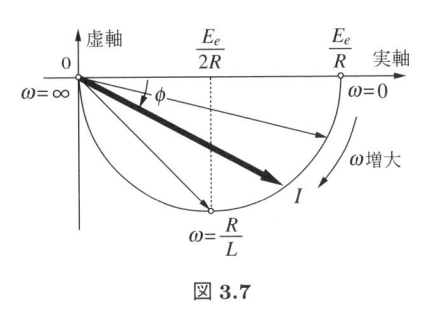

図 **3.7**

両式の比から $\omega L = -\dfrac{y}{x} R$ が得られ，これを x の式に代入し整理すると
$$\left(x - \frac{E_e}{2R}\right)^2 + y^2 = \left(\frac{E_e}{2R}\right)^2$$
と，中心 $\left(\dfrac{E_e}{2R}, 0\right)$，半径 $\dfrac{E_e}{2R}$ の円の方程式が得られることからもわかる．

◇

【注意】　このように，ベクトルの先端が描く軌跡を**ベクトル軌跡**という．また，このようなベクトル軌跡は円になることが多く，その場合には**円線図**と呼ばれることもある．

3.3.2 複素インピーダンスと複素アドミタンス

複素直流回路では，回路素子の特性が式 (3.16) で定義される．これは電圧と電流の関係式であるから，まとめて

$$V = ZI \tag{3.19}$$

と表すことができる．したがって，複素抵抗素子と考えてよい．抵抗は Z が実数，インダクタとキャパシタは Z が虚数となる．これらは複素抵抗といわずに，**複素インピーダンス**（complex impedance）といい，その逆数を**複素アドミタンス**（complex admittance）という（**表 3.2**）．また，両者を総称して**イミタンス**（immittance = impedance + admittance）ということもある．

表 3.2 複素インピーダンスと複素アドミタンス

素子	複素インピーダンス	複素アドミタンス
抵抗	R	$G = \dfrac{1}{R}$
キャパシタ	$\dfrac{1}{j\omega C}$	$j\omega C$
インダクタ	$j\omega L$	$\dfrac{1}{j\omega L}$

次に，合成複素インピーダンスは，1 章で考えた合成抵抗と同様に，素子を組み合わせて構成できる．複素インピーダンス Z は，一般に

$$\begin{aligned} Z &= R + jX = |Z|e^{j\phi} \\ & \text{ただし，} \quad |Z| = \sqrt{R^2 + X^2}, \quad \phi = \tan^{-1}\frac{X}{R} \end{aligned} \tag{3.20}$$

の形をしている．このとき，R を**抵抗分**（resistance component），X を**リアクタンス分**（reactance component）という．いずれも単位はオーム [Ω] である．また，大きさ $|Z|$ を単に**インピーダンス**という．通常の RLC 素子から合成した複素インピーダンスは $R \geqq 0$ である．X は正負いずれにもなりうる．

$X>0$ の場合，すなわち $\phi>0$ の場合を**誘導性**（inductive）インピーダンスという。$X<0$ の場合，すなわち $\phi<0$ の場合を**容量性**（capacitive）インピーダンスという。

複素アドミタンス Y についても同様に

$$Y = G + jB = |Y|e^{j\psi}$$
$$\text{ただし，} \quad |Y| = \sqrt{G^2 + B^2}, \quad \psi = \tan^{-1}\frac{B}{G} \tag{3.21}$$

であり，G を**コンダクタンス分**（condanctance component），B を**サセプタンス分**（susceptance component）という。いずれも単位はジーメンス [S] である。また，大きさ $|Y|$ を単に**アドミタンス**という。

複素インピーダンス Z と複素アドミタンス Y の関係は

$$Y = \frac{1}{Z} = \frac{1}{R+jX} = \frac{R-jX}{R^2+X^2}$$

すなわち

$$G = \frac{R}{R^2+X^2}, \quad B = \frac{-X}{R^2+X^2}, \quad \psi = -\phi \tag{3.22}$$

と得られる。

複素インピーダンスを複素平面上に描いた図を複素インピーダンス平面図という。複素アドミタンスについても同様に，複素アドミタンス平面図を描くことができる。これらを図 **3.8** に示す。

(a) 複素インピーダンス　　(b) 複素アドミタンス

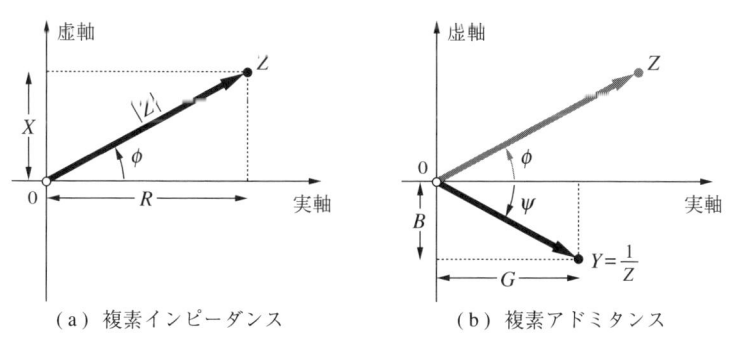

図 **3.8** 複素平面における複素インピーダンス Z と複素アドミタンス Y

例題 3.5 図 3.9 (a) の直列回路および図 (b) の並列回路の合成複素インピーダンスを求めよ。

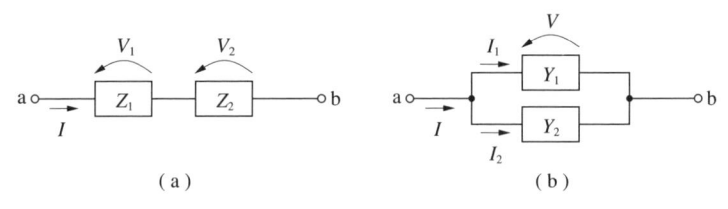

図 3.9

【解答】 図 (a) において，$Z_1 = R_1 + jX_1$，$Z_2 = R_2 + jX_2$ とする。図の電圧・電流より

$$V = V_1 + V_2 = Z_1 I + Z_2 I = (Z_1 + Z_2) I = Z I$$

したがって，合成複素インピーダンスは

$$Z = Z_1 + Z_2 = (R_1 + R_2) + j(X_1 + X_2) = |Z| e^{j\phi}$$

ただし，$|Z| = \sqrt{(R_1+R_2)^2 + (X_1+X_2)^2}$，$\phi = \tan^{-1} \dfrac{X_1 + X_2}{R_1 + R_2}$

となる。

図 (b) において，$Y_1 = G_1 + jB_1$，$Y_2 = G_2 + jB_2$ とする。図の電圧・電流より

$$I = I_1 + I_2 = Y_1 V + Y_2 V = (Y_1 + Y_2) V = Y V$$

したがって，合成複素アドミタンスは

$$Y = Y_1 + Y_2 = (G_1 + G_2) + j(B_1 + B_2) = |Y| e^{j\psi}$$

ただし，$|Y| = \sqrt{(G_1+G_2)^2 + (B_1+B_2)^2}$，$\psi = \tan^{-1} \dfrac{B_1 + B_2}{G_1 + G_2}$

となる。また

$$Z = \dfrac{1}{Y}, \quad Z_1 = \dfrac{1}{Y_1}, \quad Z_2 = \dfrac{1}{Y_2}$$

とすると

$$Z = \dfrac{1}{Y} = \dfrac{1}{Y_1 + Y_2} = \dfrac{1}{\dfrac{1}{Z_1} + \dfrac{1}{Z_2}} = \dfrac{Z_1 Z_2}{Z_1 + Z_2}$$

となる。したがって，計算は直流の場合と同様に行えばよい。　◇

例題 3.5 をもとに, RLC 素子 2 個を直列に接続した合成複素インピーダンスを**表 3.3** に, 並列に接続した合成複素アドミタンスを**表 3.4** に示す。ただし, 表 3.4 中の G はコンダクタンス ($G=1/R$) である。表中の式の導出は, 各自確認しておくことが望ましい。

表 3.3 RLC 素子 2 個の直列合成複素インピーダンス

	RL 直列回路	RC 直列回路	LC 直列回路
複素インピーダンス Z	$R+j\omega L$	$R+\dfrac{1}{j\omega C}$	$j\left(\omega L-\dfrac{1}{\omega C}\right)$
インピーダンス $|Z|$	$\sqrt{R^2+\omega^2 L^2}$	$\sqrt{R^2+\dfrac{1}{\omega^2 C^2}}$	$\left|\omega L-\dfrac{1}{\omega C}\right|$
偏　角 ϕ	$\tan^{-1}\dfrac{\omega L}{R}$	$-\tan^{-1}\dfrac{1}{\omega CR}$	$\dfrac{\pi}{2}$ または $-\dfrac{\pi}{2}$

表 3.4 RLC 素子 2 個の並列合成複素アドミタンス

	RL 並列回路	RC 並列回路	LC 並列回路
複素アドミタンス Y	$G+\dfrac{1}{j\omega L}$	$G+j\omega C$	$j\left(\omega C-\dfrac{1}{\omega L}\right)$
アドミタンス $|Y|$	$\sqrt{G^2+\dfrac{1}{\omega^2 L^2}}$	$\sqrt{G^2+\omega^2 C^2}$	$\left|\omega C-\dfrac{1}{\omega L}\right|$
偏　角 ψ	$-\tan^{-1}\dfrac{1}{\omega LG}$	$\tan^{-1}\dfrac{\omega C}{G}$	$\dfrac{\pi}{2}$ または $-\dfrac{\pi}{2}$

例題 3.6 図 3.10 (a), (b) の回路の合成複素インピーダンスを求めよ．

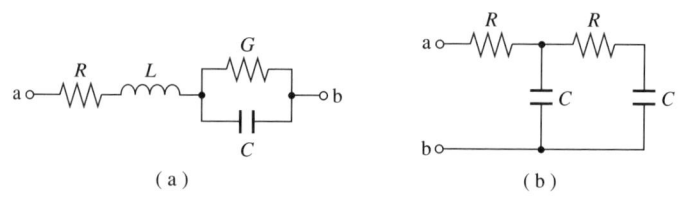

図 3.10

【解答】 図 (a) の RL 直列回路の合成複素インピーダンスを Z_1 とし，GC 並列回路の複素アドミタンスを Y_2，その複素インピーダンスを Z_2 とすると

$$Z_1 = R + j\omega L, \quad Y_2 = G + j\omega C = \frac{1}{Z_2}$$

である．したがって合成複素インピーダンス Z は

$$Z = Z_1 + Z_2 = R + j\omega L + \frac{1}{G + j\omega C} = \frac{(R + j\omega L)(G + j\omega C) + 1}{G + j\omega C}$$

$$= \frac{1 + RG - \omega^2 LC + j\omega(RC + LG)}{G + j\omega C}$$

となり，式 (3.18) から，有理化をせずに

$$|Z| = \frac{\sqrt{(1 + RG - \omega^2 LC)^2 + \omega^2(RC + LG)^2}}{\sqrt{G^2 + \omega^2 C^2}}$$

$$\phi = \tan^{-1}\frac{\omega(RC + LG)}{1 + RG - \omega^2 LC} - \tan^{-1}\frac{\omega C}{G}$$

と求まる．

図 (b) の回路は，右側の RC 直列回路と中央の C が並列になり，それに左側の R が直列になった回路である．したがって，合成複素インピーダンス Z は

$$Z = R + \frac{1}{j\omega C + \dfrac{1}{R + \dfrac{1}{j\omega C}}} = R + \frac{1}{j\omega C + \dfrac{j\omega C}{1 + j\omega CR}}$$

$$= R + \frac{1 + j\omega CR}{-\omega^2 C^2 R + 2j\omega C} = \frac{1 - \omega^2 C^2 R^2 + 3j\omega CR}{-\omega^2 C^2 R + 2j\omega C}$$

と求まる．後は，図 (a) と同様に $|Z|$ と ϕ を求めればよい． ◇

3.3.3 節点解析と網目解析

いままでに述べたように，記号法を用い交流回路を複素直流回路に変換すると，その回路を直流解析することにより解が求められる。したがって，1章の直流回路の解析手法に述べた"節点解析"と"網目解析"もそのまま利用できる。

- 節点解析の手順

---
1. 適当な基準節点を一つ選び，この節点の電圧を 0 V とする。
2. 各節点の節点電圧を未知変数に選ぶ。ただし，電圧源などの既知の電圧で表現できる節点電圧は既知電圧をそのまま用い，未知変数としない。
3. 各枝の枝電圧（節点電圧の差）と複素インピーダンスによる素子特性を用いて，各枝電流を節点電圧で表す。
4. 未知変数を仮定した節点の KCL から枝電流の関係式を求める。
5. 3. の枝電流を 4. の KCL に代入し，節点電圧を未知変数とした回路方程式（節点方程式）を得る。
6. 5. で得られ方程式を解き，未知変数（節点電圧）を求める。

- 網目解析の手順

---
1. 互いに独立なループ電流（網目電流）を回路の未知変数に選ぶ。ただし，電流源などの既知の電流で表現できるループ電流は既知電流をそのまま用い，未知変数としない。
2. 各枝の枝電流（ループ電流の和）と複素インピーダンスによる素子特性を用いて，各枝電圧をループ電流で表す。
3. 未知変数を仮定したループの KVL から枝電圧の関係式を求める。
4. 2. の枝電圧を 3. の KVL に代入し，ループ電流を未知変数とした回路方程式（網目方程式）を得る。
5. 4. で得られ方程式を解き，未知変数（ループ電流）を求める。

例題 3.7 図 **3.11** の回路のコンダクタンス G を流れる電流 I を節点解析と網目解析の両方で求めよ。

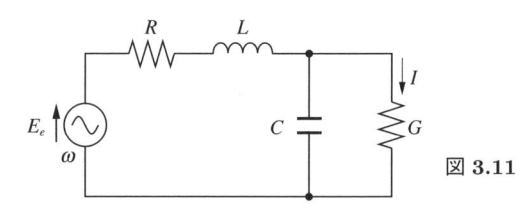

図 **3.11**

【解答】 まず，節点解析を用い，その手順通りに説明する。

(手順 1) 図 **3.12** のように，基準節点 0 を選ぶ。

(手順 2) 節点電圧 V_1 と V_2 を仮定し，未知変数とする。

(手順 3) 各枝の枝電圧と素子特性より，各枝電流は

$$I_R = \frac{E_e - V_1}{R}, \quad I_L = \frac{V_1 - V_2}{j\omega L}$$

$$I_C = j\omega C V_2, \quad I_G = G V_2$$

(手順 4) 節点 V_1, V_2 の KCL より

$$I_L - I_R = 0$$

$$I_C + I_G - I_L = 0$$

図 **3.12**

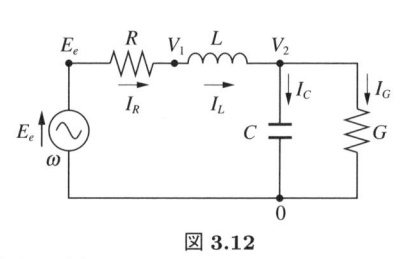

(手順 5) したがって，回路方程式（節点方程式）は

$$\frac{V_1 - V_2}{j\omega L} - \frac{E_e - V_1}{R} = 0 \quad \Rightarrow \quad \left(\frac{1}{j\omega L} + \frac{1}{R}\right) V_1 - \frac{1}{j\omega L} V_2 = \frac{1}{R} E_e$$

$$j\omega C V_2 + G V_2 - \frac{V_1 - V_2}{j\omega L} = 0 \quad \Rightarrow \quad -\frac{1}{j\omega L} V_1 + \left(j\omega C + G + \frac{1}{j\omega L}\right) V_2 = 0$$

(手順 6) この連立方程式を V_2 について解くと

$$V_2 = \frac{E_e}{(1 + RG - \omega^2 LC) + j\omega (LG + CR)}$$

となり，これより

$$I = I_G = G V_2 = \frac{G E_e}{(1 + RG - \omega^2 LC) + j\omega (LG + CR)}$$

が得られる。

【補足】 例題 1.10 の補足に述べたように，(手順 5) の節点方程式を回路図から簡単に導く方法がある。これは，もちろん記号法においても利用できる。

3.3 記号法による解析

節点 V_1 に関する KCL 回路方程式は

節点 V_1 につながれた枝の複素アドミタンスの和 × V_1
 − つながれた枝の複素アドミタンス × 相手側の節点電圧 [この負の項は枝の数だけ]
 = 0

この方法を用いれば

節点 V_1 のKCL $\Rightarrow \left(\dfrac{1}{j\omega L}+\dfrac{1}{R}\right)V_1-\dfrac{1}{j\omega L}V_2-\dfrac{1}{R}E_e=0$

節点 V_2 のKCL $\Rightarrow \left(j\omega C+G+\dfrac{1}{j\omega L}\right)V_2-\dfrac{1}{j\omega L}V_1=0$

と，（手順 5）の節点方程式が回路図から簡単に導くことができる．

【解答】 次に，網目解析を用い，その手順通りに説明する．

（手順 1）図 **3.13** の二つのループ（網目）を考え，それぞれのループ電流（網目電流）を右回り（時計回り）に選び，未知変数 I_1, I_2 とする．

（手順 2）各枝の枝電圧をループ電流で表すと

$V_R = R\,I_1, \quad V_L = j\omega L\,I_1$

$V_C = \dfrac{I_1-I_2}{j\omega C}, \quad V_G = \dfrac{I_2}{G}$

（手順 3）二つのループの KVL より

$E_e - V_R - V_L - V_C = 0$

$V_C - V_G = 0$

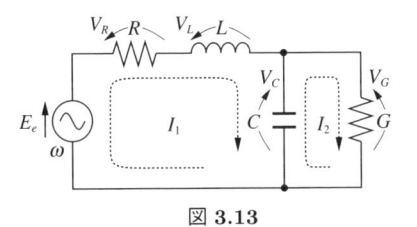

図 3.13

（手順 4）したがって，回路方程式（網目方程式）は

$E_e - R\,I_1 - j\omega L\,I_1 - \dfrac{I_1-I_2}{j\omega C} = 0 \Rightarrow \left(R+j\omega L+\dfrac{1}{j\omega C}\right)I_1 - \dfrac{1}{j\omega C}I_2 = E_e$

$\dfrac{I_1-I_2}{j\omega C} - \dfrac{I_2}{G} = 0 \qquad\qquad \Rightarrow \dfrac{1}{j\omega C}I_1 - \left(\dfrac{1}{j\omega C}+\dfrac{1}{G}\right)I_2 = 0$

（手順 5）この連立方程式を I_2 について解くと

$$I_2 = \dfrac{GE_e}{(1+RG-\omega^2 LC)+j\omega(LG+CR)}$$

が得られ，$I=I_2$ より先の節点解析と同じ答えになる．

【補足】 例題 1.11 の補足に述べたように，（手順 4）の網目方程式を回路図から簡単に導く方法がある．これも，もちろん節点解析と同様に，記号法においても

利用できる．

すべての網目を同じ向き（例えば時計回り）に選んだとき，網目 I_1 に関する KVL 回路方程式は

網目 I_1 のループを構成する枝の複素インピーダンスの和 × I_1
　　− 別の網目に隣接した枝の複素インピーダンス × 相手の網目電流 [枝の数だけ]
　　= ループに沿った電圧源の値

この方法を用いれば

$$\text{網目 } I_1 \text{ のKVL} \Rightarrow \left(R + j\omega L + \frac{1}{j\omega C}\right)I_1 - \frac{1}{j\omega C}I_2 = E_e$$

$$\text{網目 } I_2 \text{ のKVL} \Rightarrow \left(\frac{1}{j\omega C} + \frac{1}{G}\right)I_2 - \frac{1}{j\omega C}I_1 = 0$$

と，（手順 4）の網目方程式が回路図から簡単に導くことができる．

【参考】 本節には述べなかったが，1 章の直流回路の解析手法で節点解析や網目解析とともに述べた "混合解析" も，もちろんそのまま利用できる．この混合解析は，例えば図 3.14 のように，網目電流 I_1 と節点電圧 V_2 の両者を未知変数とし，網目の KVL と節点の KCL を両用して回路方程式を導く方法で，

網目 I_1 に関するKVLより
$$E_e - V_R - V_L - V_2 = 0 \Rightarrow E_e - RI_1 - j\omega L I_1 - V_2 = 0$$

節点 V_2 に関するKCLより
$$I_C + I_G - I_1 = 0 \qquad \Rightarrow j\omega C V_2 + G V_2 - I_1 = 0$$

が得られる．この連立方程式を V_2 について解き，$I = GV_2$ の関係を用いれば，節点解析や網目解析と同じ解答が求まる．

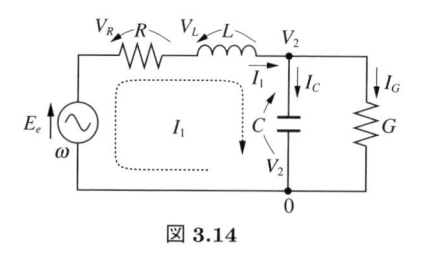

図 3.14

◇

3.4 交流回路の電力

交流回路の電力について考え，記号法との関係をみることにしよう．いま，図 3.15 (a) に示す 2 端子回路の枝電圧を $v(t)$，枝電流を $i(t)$ とし，それらは

$$\left.\begin{array}{l} v(t) = \sqrt{2}\,V_e \cos(\omega t + \theta) \\ i(t) = \sqrt{2}\,I_e \cos(\omega t + \theta + \phi) \end{array}\right\} \quad (3.23)$$

で与えられているとする．また，これに対応し，図 (b) に示す複素直流回路の枝電圧 V，枝電流 I を

$$\left.\begin{array}{l} V = V_e \\ I = I_e\, e^{j\phi} \end{array}\right\} \quad (3.24)$$

とする．以下，この回路で消費される電力を計算しよう．

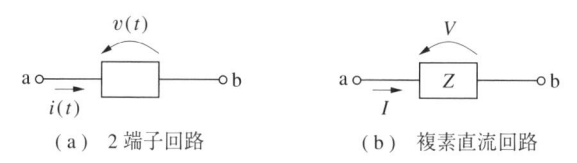

(a) 2 端子回路 (b) 複素直流回路

図 3.15　2 端子回路素子

3.4.1 瞬時電力と有効電力

瞬時電力 $p(t)$ は，式 (3.23) より

$$\begin{aligned} p(t) &= v(t)\,i(t) \\ &= 2\,V_e I_e \cos(\omega t + \theta)\cos(\omega t + \theta + \phi) \\ &= V_e I_e \cos\phi + V_e I_e \cos(2(\omega t + \theta) + \phi) \\ &= V_e I_e \cos\phi + V_e I_e \cos\phi \cos 2(\omega t + \theta) - V_e I_e \sin\phi \sin 2(\omega t + \theta) \end{aligned} \quad (3.25)$$

となる．この波形の一例を図 3.16 に示す．図中の上の波形が 2 端子回路の枝電圧 $v(t)$ と枝電流 $i(t)$，下の波形が瞬時電力 $p(t)$ である．図からわかるように，一般に瞬時電力は，この回路で電力が**消費**（正の部分）されたり，回路から外に**供給**（負の部分）されたりしている．また，その周期は電源の周期の半分と

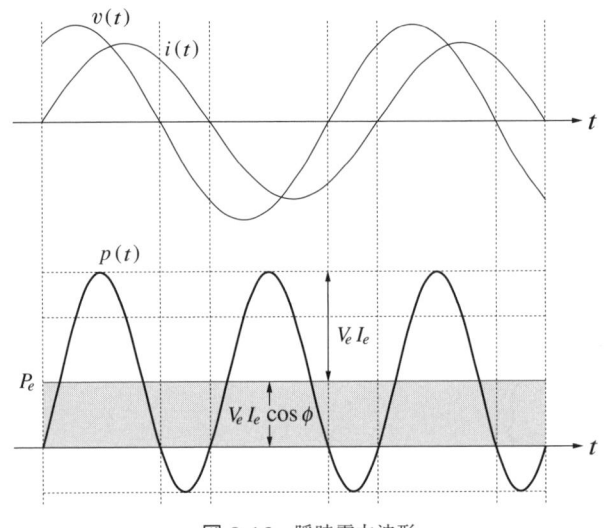

図 3.16　瞬時電力波形

なっている。

一周期にわたって平均をとった平均電力 P_{av} は

$$P_{av} = \frac{\omega}{\pi} \int_0^{\frac{\pi}{\omega}} p(\tau)\,d\tau = V_e I_e \cos\phi \; (= P_e) \tag{3.26}$$

となる。これは図 3.16 からも明らかであり，時刻 t を含む cos 成分の平均は 0 なので，直流成分 $V_e I_e \cos\phi$ だけが残される。このように，平均電力は電圧・電流の実効値 V_e, I_e のみならず，それらの間の位相差 ϕ にも関係していることに注意しよう。平均電力は，あとでみるように，回路の抵抗分で消費される電力である。このことから通常，単に**電力**，または**有効電力**（effective power）と呼ばれる。有効電力 P_e は式 (3.26) にも示したように

$$P_e = V_e I_e \cos\phi \tag{3.27}$$

である。以後，用語として有効電力を用いる。有効電力の単位はワット [W] である。また，$\cos\phi$ を**力率**（power factor）という。

一方，$V_e I_e$ は**皮相電力**（apparent power）と呼ばれ，単位はボルトアンペア [V·A] である。さらに，$V_e I_e \sin\phi$ は**無効電力**（reactive power）と呼ば

れ，単位はバール [var] である。

3.4.2 実効インピーダンス

次に図 3.15 (b) の複素回路の電圧，電流の関係を見ておこう。この回路の複素インピーダンスを

$$Z = R + jX$$

とおき，$V = ZI$ に式 (3.24) を代入して整理すると

$$R + jX = \frac{V_e}{I_e} e^{j\psi} = \frac{V_e}{I_e} \cos\phi - j \frac{V_e}{I_e} \sin\phi$$

を得る。したがって，実部と虚部の比較より

$$R = \frac{V_e}{I_e} \cos\phi, \quad -X = \frac{V_e}{I_e} \sin\phi \tag{3.28}$$

となる。この関係式から

$$\left.\begin{aligned} R I_e^2 &= V_e I_e \cos\phi &&= 有効電力 \\ -X I_e^2 &= V_e I_e \sin\phi &&= 無効電力 \\ |Z| I_e^2 &= \sqrt{R^2 + X^2}\, I_e^2 = V_e I_e &&= 皮相電力 \end{aligned}\right\} \tag{3.29}$$

が得られる。式 (3.29) は電力からインピーダンスの成分が求められることを示している。このように電力と I_e から求めたインピーダンス $|Z|$ を**実効インピーダンス** (effective impedance)，R を**実効抵抗** (effective resistance)，X を**実効リアクタンス** (effective reactance) という。

3.4.3 複素電力（電力の複素数表示）

さて，複素電圧 V と複素電流 I から，次式を計算してみよう。

$$\begin{aligned} P &= \overline{V} I \quad \Leftarrow \overline{V} は共役複素数（虚部の符号を反転したもの）\\ &= V_e I_e e^{j\phi} \\ &= V_e I_e \cos\phi + j V_e I_e \sin\phi = P_R + j P_X \end{aligned} \tag{3.30}$$

となる。ここで

3. 交流回路の解析（記号法）

$$P_R = V_e I_e \cos\phi, \quad P_X = V_e I_e \sin\phi \tag{3.31}$$

とおいた．また

$$|P| = V_e I_e \tag{3.32}$$

となっている．これらは，それぞれ，有効電力，無効電力，および皮相電力に対応している．この P を複素電力，あるいは電力の複素数表示という．

整理すると，複素電圧 V と複素電流 I から

$$P = \overline{V} I \ (= P_R + jP_X) \tag{3.33}$$

を計算すれば

$$\left.\begin{array}{l} \bullet\ \text{有効電力} \Rightarrow \text{実部}\ P_R \\ \bullet\ \text{無効電力} \Rightarrow \text{虚部}\ P_X \\ \bullet\ \text{皮相電力} \Rightarrow \text{絶対値}\ |P| \\ \bullet\ \text{力　率} \Rightarrow \text{有効電力}/\text{皮相電力} \end{array}\right\} \tag{3.34}$$

で求まることになる．

複素平面で説明すると，図 **3.17** のように，電流 I が電圧 V に対して ϕ だけ位相が進んでいるとき，電圧 V の位相が θ であれば，電流 I の位相は $\theta+\phi$ になる．この両者から位相差 ϕ だけを取り出すために $\overline{V}$ を I に乗算している．したがって，得られた複素電力 $P=\overline{V}I$ の位相は ϕ になり，その実部が有効電力に，虚部が無効電力になる．

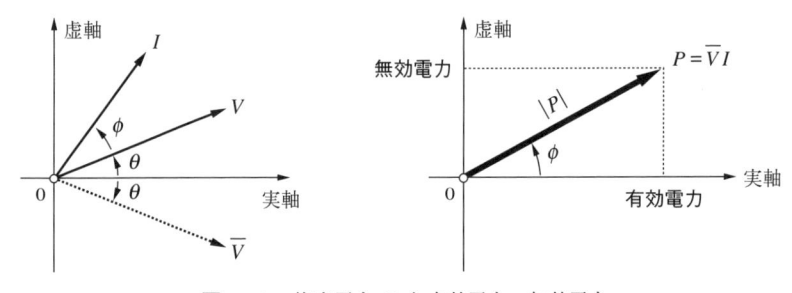

図 **3.17** 複素電力 P と有効電力・無効電力

3.4 交流回路の電力

例題 3.8 図 3.18 に示す RL 回路において，消費される有効電力と力率，および無効電力を求めよ。

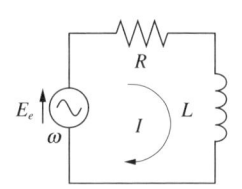

図 3.18

【解答】 RL の合成インピーダンスは $R + j\omega L$ であるから，電流 I は

$$I = \frac{1}{R + j\omega L} E_e$$

したがって，複素電力 P は

$$\begin{aligned} P &= \bar{V} I \\ &= E_e \cdot \frac{1}{R + j\omega L} E_e \\ &= \frac{E_e^2}{R + j\omega L} \\ &= \frac{R E_e^2}{R^2 + \omega^2 L^2} - j \frac{\omega L E_e^2}{R^2 + \omega^2 L^2} \end{aligned}$$

となり，皮相電力は

$$|P| = \frac{E_e^2}{\sqrt{R^2 + \omega^2 L^2}}$$

となる。以上より，有効電力と力率，および無効電力は

$$\text{有効電力 } P_e = \frac{R E_e^2}{R^2 + \omega^2 L^2}$$

$$\text{力率 } \cos\phi = \frac{P_e}{|P|} = \frac{R}{\sqrt{R^2 + \omega^2 L^2}}$$

$$\text{無効電力 } P_X = -\frac{\omega L E_e^2}{R^2 + \omega^2 L^2}$$

である。

【注意】 当然のことながら，有効電力 P_e は抵抗 R で消費される電力となり，無効電力 P_X はインダクタ L で消費される電力となっている。したがって，有効電力 P_e だけを求める問題の場合には，$P_e = R|I|^2$ でも同じ解答を得る。 ◊

例題 3.9 例題 3.7 と同じ図 **3.19** の回路において，網目部分で消費される有効電力と力率，および無効電力を求めよ。

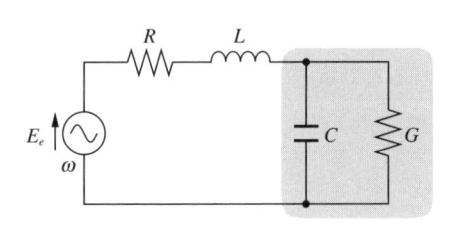

図 3.19

【解答】 例題 3.7 に述べたように，節点解析，網目解析，あるいは混合解析のどれを用いたとしても，網目部分の合成インピーダンスにかかる電圧 V と流れ込む電流 I は

$$V = \frac{E_e}{(1+RG-\omega^2 LC)+j\omega(LG+CR)}$$

$$I = (G+j\omega C)V$$

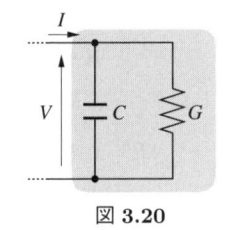

である（図 **3.20**）。したがって，この合成インピーダンスにおける複素電力 P は

図 3.20

$$\begin{aligned}P &= \overline{V}I \\ &= \overline{V}(G+j\omega C)V \\ &= (G+j\omega C)\overline{V}V \\ &= (G+j\omega C)|V|^2 \quad \Leftarrow \boxed{\overline{V}V=|V|^2 \text{ という共役複素数の性質を利用}} \\ &= \frac{G+j\omega C}{(1+RG-\omega^2 LC)^2+\omega^2(LG+CR)^2}E_e^2\end{aligned}$$

となり

$$\text{有効電力 } P_e = \frac{GE_e^2}{(1+RG-\omega^2 LC)^2+\omega^2(LG+CR)^2}$$

$$\text{無効電力 } P_X = \frac{\omega C E_e^2}{(1+RG-\omega^2 LC)^2+\omega^2(LG+CR)^2}$$

$$\text{皮相電力 } |P| = \frac{\sqrt{G^2+\omega^2 C^2}\,E_e^2}{(1+RG-\omega^2 LC)^2+\omega^2(LG+CR)^2}$$

$$\text{力率 } \cos\phi = \frac{P_e}{|P|} = \frac{G}{\sqrt{G^2+\omega^2 C^2}}$$

が得られる。 ◇

演 習 問 題

3.1 正弦波

$$① \sin\left(\omega t + \frac{\pi}{3}\right), \quad ② \cos\left(\omega t - \frac{2\pi}{3}\right), \quad ③ \sin\left(\omega t + \frac{5\pi}{6}\right)$$

を考える。次の問に答えよ。
(1) $\sin \omega t$ を基準として，それぞれの波形の位相差を求めよ。
(2) $\cos \omega t$ を基準として，それぞれの波形の位相差を求めよ。
(3) 各波形を複素表示し，$\cos\left(\omega t - \frac{\pi}{6}\right)$ を基準とする複素表示に対する位相差を計算せよ。

3.2 問図 3.1 (a)，(b) の回路の合成複素インピーダンスを求めよ。

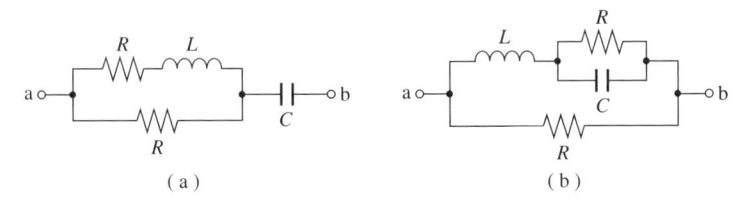

問図 3.1

3.3 問図 3.1 の回路において，$R = 10\,\Omega$，$L = 100\,\mathrm{mH}$，$C = 1\,000\,\mu\mathrm{F}$ とし，角周波数 $\omega = 100\,\mathrm{rad/s}$，実効値 $200\,\mathrm{V}$ の正弦波電圧を加えたとき，回路に流れ込む電流の大きさ（実効値）を求めよ。

3.4 問図 3.2 の回路の複素インピーダンスを求めよ。また，その複素インピーダンスが周波数に無関係になるような R の値を求めよ†。

問図 3.2　　　　問図 3.3

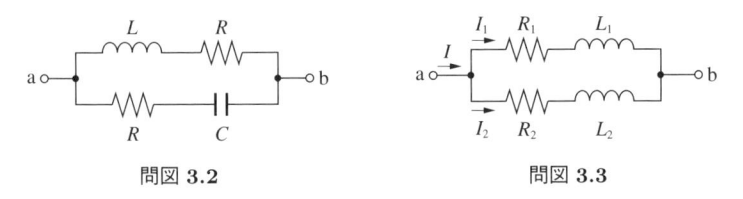

3.5 問図 3.3 の回路において，電流 I が周波数に無関係に I_1，I_2 に分流するような L_2 の値を求めよ。

---

† 複素インピーダンスがいつも抵抗のようにみえる回路を**定抵抗回路**という。

3.6 問図 **3.4** の回路[†] において，電流 I が電圧 E と同相になるための抵抗 R_2 の値を求めよ。

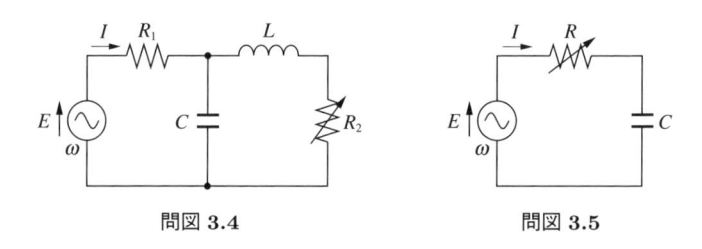

問図 **3.4**

問図 **3.5**

3.7 問図 **3.5** の回路において，電流 I を電圧 E より $30°$ だけ進めたい。抵抗 R の値を求めよ。

3.8 問図 **3.6** の回路において，インダクタ L_2 を流れる電流 I_L を次の 3 種類の方法で求めよ。
  (1) 合成複素インピーダンスを求めて解析する方法
  (2) 節点解析
  (3) 網目解析
さらに，電流 I_L が電圧 E より $90°$ だけ遅れるための R_2 の値を求めよ。

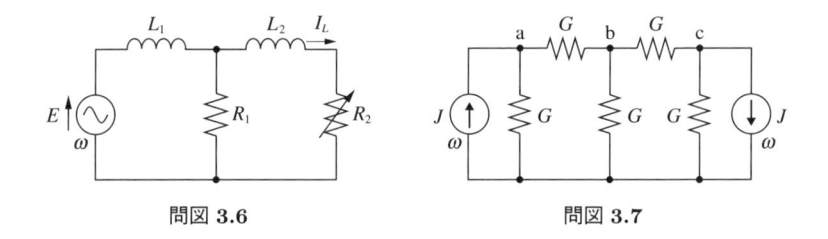

問図 **3.6**

問図 **3.7**

3.9 問図 **3.7** の回路（G：コンダクタンス）に対して
  (1) 節点電圧 V_a, V_b, V_c を未知変数にして節点方程式を導け。
  (2) この節点方程式を解いて，V_a, V_b, V_c を求めよ。

[†] 回路図において，矢印を付した抵抗は"その値を変化できる"という意味であり，**可変抵抗**と呼ばれる。同様に，可変インダクタや可変キャパシタも考えられ，同様の矢印を付した図記号が用いられる。ただし，回路解析における扱い（素子特性）は普通の素子と同じでよい。

3.10 問図 3.8 の回路に対して
  (1) 節点電圧 V_a, V_b を未知変数とした節点方程式
  (2) 網目電流 I_c, I_d を未知変数とした網目方程式
を導け。

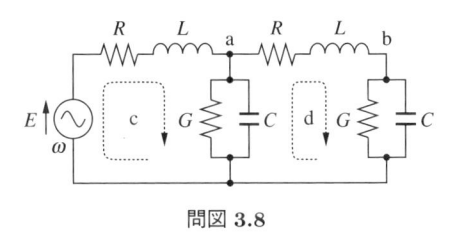

問図 3.8

3.11 問図 3.9 の回路において，網目の部分で消費される有効電力を求めよ。

問図 3.9

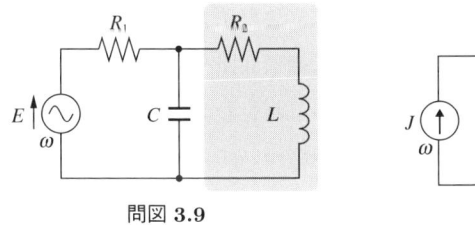

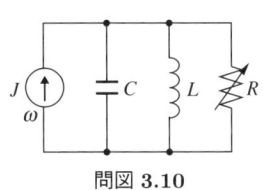

問図 3.10

3.12 問図 3.10 の回路において，抵抗 R で消費される有効電力を求めよ。さらに，$\omega^2 LC > 1$ であるとき，その有効電力が最大になる R の値を求めよ。

【課題 3.1】 以下に，数学や物理，とりわけ電気回路理論の発展に貢献したおもな人物の年表を示す。個々の人物について何をした人か調べてみよう。

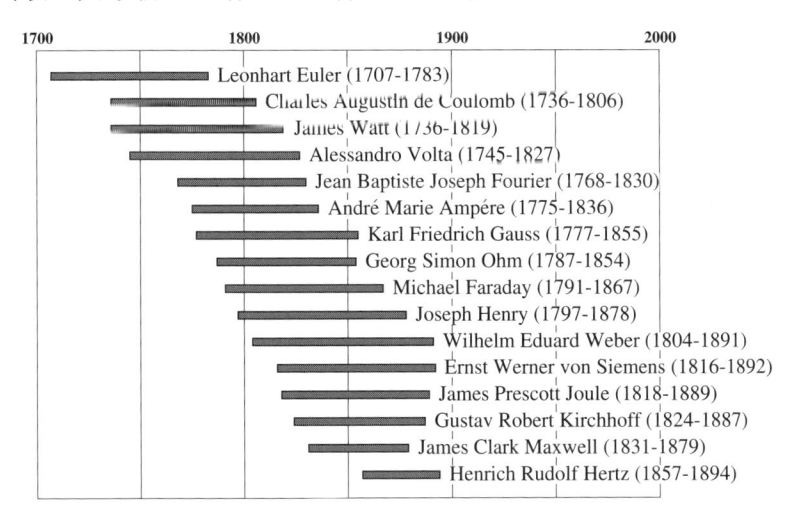

- Leonhart Euler (1707-1783)
- Charles Augustin de Coulomb (1736-1806)
- James Watt (1736-1819)
- Alessandro Volta (1745-1827)
- Jean Baptiste Joseph Fourier (1768-1830)
- André Marie Ampère (1775-1836)
- Karl Friedrich Gauss (1777-1855)
- Georg Simon Ohm (1787-1854)
- Michael Faraday (1791-1867)
- Joseph Henry (1797-1878)
- Wilhelm Eduard Weber (1804-1891)
- Ernst Werner von Siemens (1816-1892)
- James Prescott Joule (1818-1889)
- Gustav Robert Kirchhoff (1824-1887)
- James Clark Maxwell (1831-1879)
- Henrich Rudolf Hertz (1857-1894)

4

交流回路の諸性質

4.1 はじめに

これまで,直流電源および交流電源を含む RLC 回路の特性や解析方法について述べてきた。この章では,最初に線形回路や時不変回路など回路の定義を整理し,その後,線形回路に成り立つ重ね合わせの理と等価回路,回路解析に用いると便利ないくつかの性質や定理について述べる。

本章の内容を簡潔に整理すると次のようになる。

1. いくつかの回路の定義
    (a) 線形回路:線形素子からなる回路
    (b) 時不変回路:素子のパラメータがすべて定数である回路
    (c) 受動回路:電源以外ではエネルギーを発生しない回路
2. 重ね合わせの理:線形回路に成り立つ基本的(自明)なルール
    (a) 重ね合わせの理を使った電圧や電流の計算:一般的な使い方
    (b) 電力の重ね合わせ:特殊な場合にのみ成り立つ
    (c) 等価回路の作成に使用:テブナン等価回路・ノートン等価回路
3. Δ–Y 変換:代表的な回路の等価変換
4. いくつかの有用な回路
    (a) ブリッジ回路:平衡条件がある
    (b) 双対回路:平面グラフから導かれ,回路方程式の形が同じとなる
    (c) 定抵抗回路:インピーダンスが純抵抗となる回路
    (d) 共振回路:インピーダンスの周波数特性が原因で起こる
    (e) 整合(マッチング):負荷に供給する電力が最大となる条件

本章の目的は,これらの諸性質を理解するとともに,具体的に対象となる回路に対してこれらの性質を適切に利用し,解析を容易にすることにある。これら個々のツールは,いつでも利用可能なように心にとどめておくとよい。

4.2 回路の基本的な性質

これまで取り扱ってきた RLC 回路は，次のような性質をもっている．

4.2.1 線 形 性

ある式が**線形**（linear）であるとは，電圧や電流などこの式に含まれる変数間の関係が一次式となっている場合をいう．したがって，KVL や KCL から導かれる電圧や電流に関する式はすべて線形である．そこで，抵抗，インダクタ，およびキャパシタ素子の特性が，$V=RI$, $V=j\omega LI$, $I=j\omega CV$ のような比例関係（これは典型的な線形関係である）にある素子のみを使った回路を考えると，この回路の回路方程式はすべて線形となる．回路方程式が線形方程式で表される回路を**線形回路**（linear circuit）という．

一方，素子特性が線形でない回路素子を一つでも含んだ回路はもはや線形回路ではない．このような回路を**非線形回路**（nonlinear circuit）という．例えば，抵抗特性が $i=I_0(e^{\alpha v}-1)$ であるダイオードを含む回路は非線形である．

4.2.2 時 不 変 性

回路から電源を取り去った後，この回路の回路方程式を求めたとしよう．このとき回路方程式に時間の関数が陽に含まれていないならば，この回路を**時不変回路**（time invariant circuit）という．KVL や KCL から導かれる電圧や電流に関する式はすべて時不変である．したがって，素子の特性が，$V=RI$, $V=j\omega LI$, $I=j\omega CV$ で与えられる素子のみを使った回路は，時不変回路である．時不変回路でない回路を**時変回路**（time-variant circuit）という．

4.2.3 受 動 性

RLC 回路はエネルギーを発生することはない．この性質を**受動性**（passivity）といい，受動性をもつ回路を**受動回路**（passive circuit）と呼ぶ．

一方，トランジスタなどを用いた増幅回路は，増幅された信号に関してはエネルギーを発生していることになるので，**能動回路**（active circuit）と呼ばれる．

4.3　回路の重ね合わせ

直流回路の解析手法の一つとして 1.5.4 項に述べた重ね合わせの理は，線形回路に対して成り立つ法則なので，もちろん，交流回路においても利用できる（**図 4.1**）。

> 線形回路において複数個の電源が存在する場合，回路の中の任意の素子の電圧あるいは電流は，それぞれの電源が一つずつ存在する場合における，その素子の電圧あるいは電流を加え合わせたものに等しい。

ただし，ある一つの電源を残し，他の電源を取り除く際，電圧源は $v=0$ とするため**短絡除去**し，電流源は $i=0$ とするため**開放除去**される。

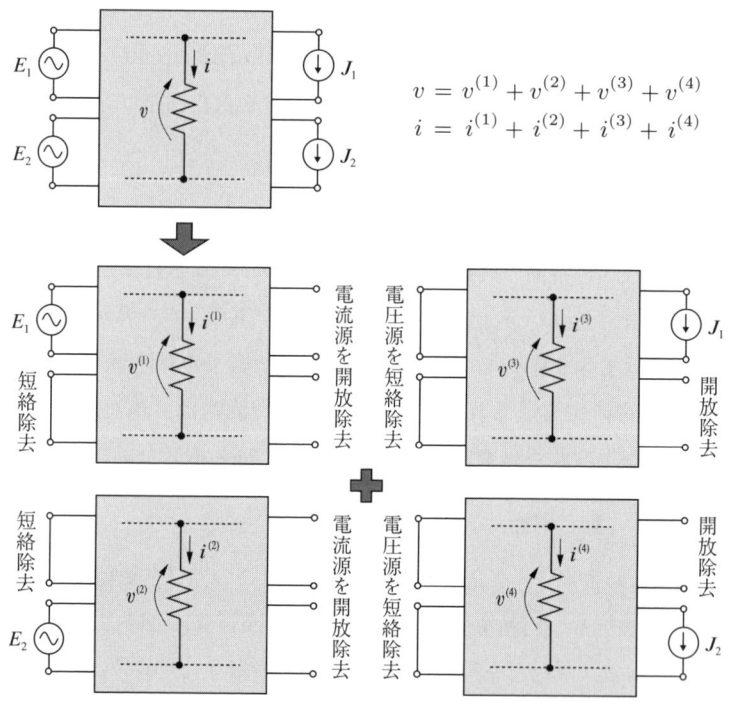

$$v = v^{(1)} + v^{(2)} + v^{(3)} + v^{(4)}$$
$$i = i^{(1)} + i^{(2)} + i^{(3)} + i^{(4)}$$

図 4.1　重ね合わせの理

重ね合わせの理は，直流電源や周波数の異なった交流電源が混在する回路の解析には必要不可欠になる。例えば，前章で述べた記号法に用いる複素インピーダンス $j\omega L$, $1/j\omega C$ は，電圧・電流の角周波数 ω が同一であるという前提条件のもとに定義できるものであり，もし ω_1 の電源と ω_2 の電源が存在していれば複素インピーダンスは同時には定義できない。このような場合には
- ω_1 の電源のみを含む回路に対して記号法で解析し，それを瞬時値に変換
- ω_2 の電源のみを含む回路に対して記号法で解析し，それを瞬時値に変換

という操作を別々に行った後，それらの瞬時値の和を求めて，元の回路の電流あるいは電圧を求めることになる〔52 ページの注意 4. を参照〕。

例題 4.1 図 4.2 の回路において，キャパシタ C にかかる電圧 v を重ね合わせの理を用いて求めよ。ただし
$$j = J_m \sin\omega_1 t, \quad e = E_m \cos\omega_2 t$$
とする。

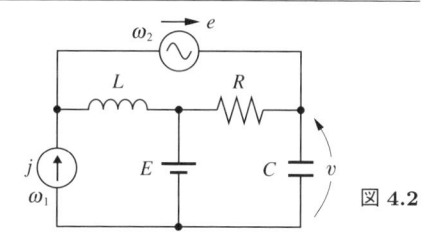

図 4.2

【解答】 図 4.3(a)～(c) のように，個々の電源の状態
 (1) 交流電流源 j のみの回路 (a)：電圧源 e, E は短絡除去
 (2) 交流電圧源 e のみの回路 (b)：電流源 j は開放除去，電圧源 E は短絡除去
 (3) 直流電圧源 E のみの回路 (c)：電流源 j は開放除去，電圧源 e は短絡除去
を考え，それぞれにおける電圧 $v^{(1)}$, $v^{(2)}$, $v^{(3)}$ を求める[†]。

(a)　　　　　　　(b)　　　　　　　(c)

図 4.3

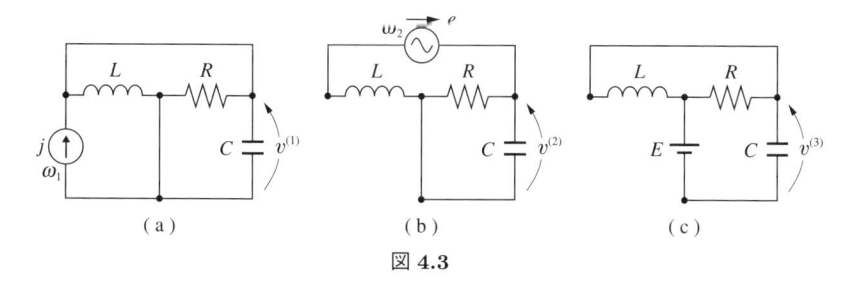

[†] 電子回路では，直流電源と交流電源（信号）が共存することが多い。この場合，本例題のように重ね合わせの理を用いて解析するのが普通である。

(1) 回路 (a) を書き直すと図 **4.4** が得られる。

j, $v^{(1)}$ の複素数表示を J_1, $V^{(1)}$ とすると

$$J_1 = \frac{V^{(1)}}{j\omega_1 L} + \frac{V^{(1)}}{R} + j\omega_1 C V^{(1)}$$

これより

$$V^{(1)} = \frac{J_1}{\frac{1}{R} + j\left(\omega_1 C - \frac{1}{\omega_1 L}\right)}$$

$$V_m^{(1)} = \frac{J_m}{\sqrt{\frac{1}{R^2} + \left(\omega_1 C - \frac{1}{\omega_1 L}\right)^2}}, \quad \phi^{(1)} = -\tan^{-1} R\left(\omega_1 C - \frac{1}{\omega_1 L}\right)$$

となり，瞬時値に直すと

$$v^{(1)} = V_m^{(1)} \sin\left(\omega_1 t + \phi^{(1)}\right)$$

が得られる。

(2) 回路 (b) を書き直すと図 **4.5** が得られる。

e, $v^{(2)}$ の複素数表示を E_2, $V^{(2)}$ とすると

$$V^{(2)} = \frac{R E_2}{R(1 - \omega_2^2 LC) + j\omega_2 L}$$

$$V_m^{(2)} = \frac{R E_m}{\sqrt{R^2(1 - \omega_2^2 LC)^2 + \omega_2^2 L^2}}, \quad \phi^{(2)} = -\tan^{-1} \frac{\omega_2 L}{R(1 - \omega_2^2 LC)}$$

となり，瞬時値に直すと

$$v^{(2)} = V_m^{(2)} \cos\left(\omega_2 t + \phi^{(2)}\right)$$

が得られる。

(3) 回路 (c) を書き直すと図 **4.6** が得られる。

この回路の場合，電圧源が直流なので，定常状態においては，キャパシタを流れる電流が 0，インダクタの電圧が 0 となり，C を開放除去，L を短絡除去した状態を考えればよい。したがって C の両端には電圧 E が直接かかり

$$v^{(3)} = E$$

となる。

以上より，重ね合わせの理を用いて

$$v = v^{(1)} + v^{(2)} + v^{(3)}$$

と求められる。 ◇

例題 4.2 図 4.7 の回路において，抵抗 R_2 で消費する有効電力を求めよ。

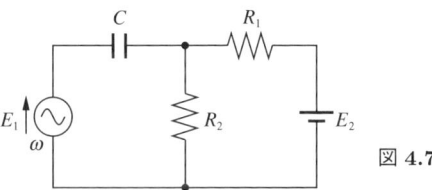

図 4.7

【解答】 重ね合わせを用いるため，図 4.8 (a), (b) の二つに分解して考える。

(1) 回路 (a) で，R_1, R_2 の電流を $I_1^{(1)}$, $I_2^{(1)}$ とすると

$$\frac{1}{j\omega C}\left(I_1^{(1)} + I_2^{(1)}\right) + R_2 I_2^{(1)} = E_1$$

$$R_1 I_1^{(1)} = R_2 I_2^{(1)}$$

なので，これを $I_2^{(1)}$ について解くと

$$I_2^{(1)} = \frac{j\omega C R_1}{R_1 + R_2 + j\omega C R_1 R_2} E_1$$

が得られ，R_2 の有効電力 $P_e^{(1)}$ は

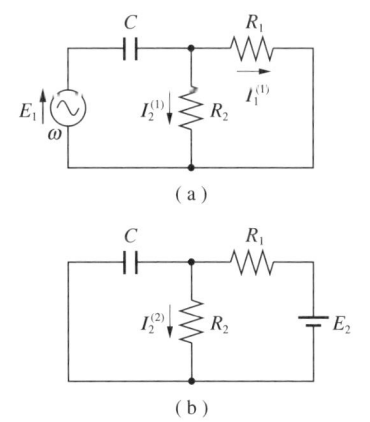

図 4.8

$$P_e^{(1)} = R_2 \left|I_2^{(1)}\right|^2 = \frac{R_2 (\omega C R_1)^2}{(R_1 + R_2)^2 + (\omega C R_1 R_2)^2} E_1^2$$

(2) 回路 (b) では直流電源なのでキャパシタ C は開放除去でき，R_2 の電流 $I_2^{(2)}$ は

$$I_2^{(2)} = \frac{1}{R_1 + R_2} E_2$$

となり，R_2 の有効電力 $P_e^{(2)}$ は

$$P_e^{(2)} = R_2 \left|I_2^{(2)}\right|^2 = \frac{R_2}{(R_1 + R_2)^2} E_2^2$$

以上より，元の回路の抵抗 R_2 で消費される有効電力は $P_e = P_e^{(1)} + P_e^{(2)}$ と，**電力に対する重ね合わせ**を用いて求められる[†]。 ◇

[†] 電源の角周波数が互いに異なる場合は，電力に対する重ね合わせが成り立つ。しかし，電源の角周波数が等しい場合には，複素電圧や複素電流を求めた段階で重ね合わせて（加え合わせて）から電力を計算しなければならない。

4.4 等 価 回 路

等価回路（equivalent circuit）とは，端子対に現れる電圧・電流特性が等しくなる別の回路のことであり，与えられた回路の解析を簡単にするために，回路の一部分を等価回路に置き換えることがある．以下，等価回路に関するいくつかの定理を紹介する．

4.4.1 テブナンの定理

図 **4.9**(a) の回路 N はいくつかの電源を含み，端子対 1-1′ に現れる電圧が E_0 であるとする．また，回路 N 内の電圧源を短絡除去，電流源を開放除去したとき，端子対 1-1′ からみた複素インピーダンスが Z_0 であるとする．このとき，端子対 1-1′ に図 (b) のように複素インピーダンス Z を接続したとすると，Z を流れる電流 I は

$$I = \frac{E_0}{Z_0 + Z} \tag{4.1}$$

になるというのが**テブナンの定理**（Thevenin's theorem）である．

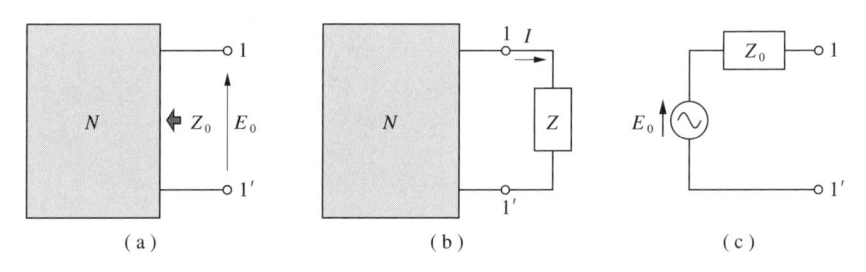

図 **4.9** テブナンの定理とテブナン等価回路

テブナンの定理によれば，回路 N は，図 (c) に示すような，1 個の電圧源 E_0 と 1 個の複素インピーダンス Z_0 を直列に接続した回路と，端子対 1-1′ からみて等価になる．この回路 (c) を回路 (a) に対する**テブナン等価回路**（Thevenin equivalent circuit）と呼ぶ．また，このことより，テブナンの定理を**等価電圧源の定理**と呼ぶこともある．

4.4 等 価 回 路　　81

テブナンの定理は，重ね合わせの理を用いて以下のように証明できる。

(1) 図 4.10(a) のように N 内の電源を取り出した形に描き直す。
(2) 図 (b) に示す電圧源 1 と 2 を挿入する。この二つの電圧源は大きさが同じ E_0 で向きが逆なので，相殺されて図 (a) と等価である。
(3) 図 (b) に対し，"N の電源すべてと電圧源 2"，"電圧源 1" に分解して重ね合わせの理を適用すると，図 (c–1)+(c–2) が得られる。
(4) 図 (c–1) において Z を流れる電流を考えると，Z の左右の電位が共に E_0 なので，電流は 0 となる。図 (c–2) において Z を流れる電流を考えると，回路 N はインピーダンス Z_0 とみなせるので，図 (d) の単純な回路となり，電流 I は式 (4.1) で与えられる。

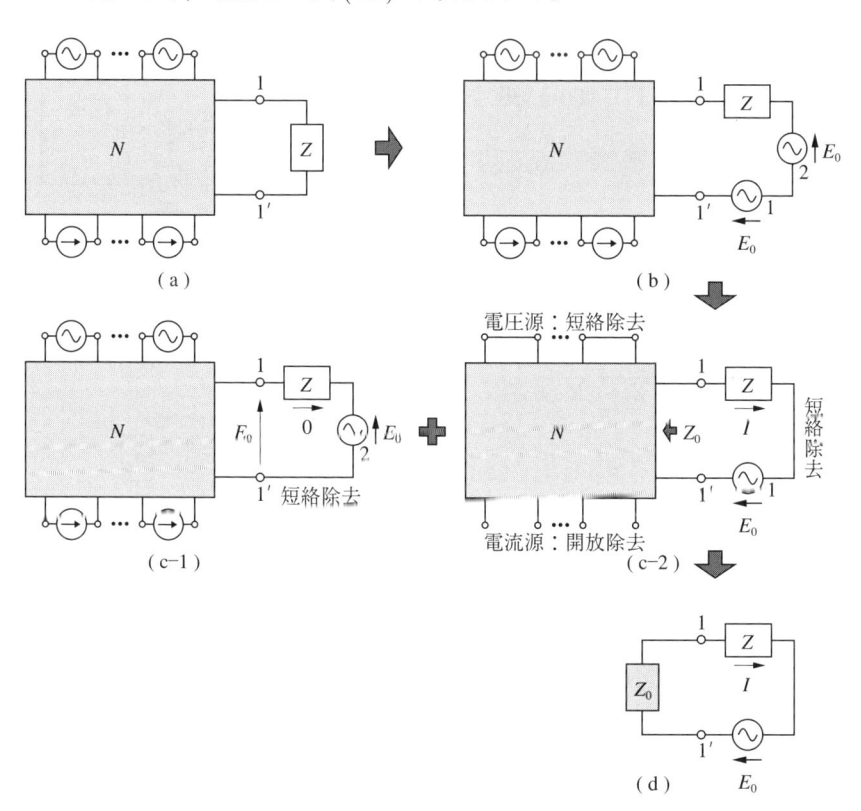

図 4.10　テブナンの定理の証明

例題 4.3 図 4.11 の回路において，インピーダンス Z_5 に流れる電流 I をテブナンの定理を用いて求めよ．

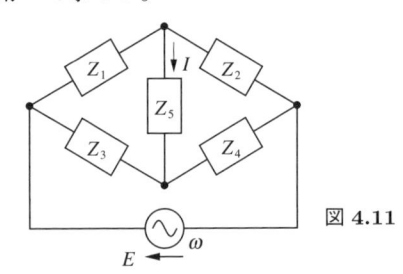

図 4.11

【解答】 図 4.12(a) のように，Z_5 の上下に端子対 1-1' を設け，これを図 4.9(a) の回路 N として考える．

まず，端子対 1-1' に現れる電圧 E_0 は

$$E_0 = \frac{Z_2}{Z_1 + Z_2} E - \frac{Z_4}{Z_3 + Z_4} E$$

である．

また，N から電圧源を短絡除去すると図 (b) の回路が得られ，端子対 1-1' からみた複素インピーダンス Z_0 は

$$Z_0 = \frac{Z_1 Z_2}{Z_1 + Z_2} + \frac{Z_3 Z_4}{Z_3 + Z_4}$$

になる．

したがって，この端子対 1-1' にインピーダンス Z_5 を接続したとき，Z_5 を流れる電流 I は，式 (4.1) のテブナンの定理より

$$I = \frac{E_0}{Z_0 + Z_5}$$

$$= \frac{Z_2 Z_3 - Z_1 Z_4}{Z_1 Z_2 (Z_3 + Z_4) + Z_3 Z_4 (Z_1 + Z_2) + Z_5 (Z_1 + Z_2)(Z_3 + Z_4)} E$$

となる[†]． ◇

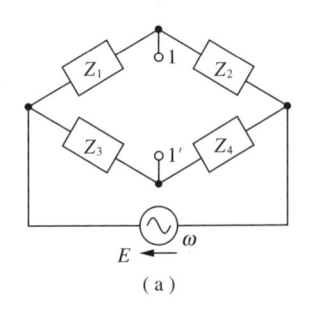

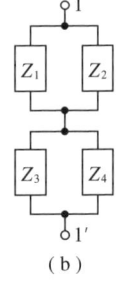

図 4.12

[†] もし，本例題を節点解析あるいは網目解析で解こうとすると，2 個あるいは 3 個の未知変数を含む連立方程式を解くことになり，意外と複雑な計算になる．ところが，テブナンの定理を用いれば非常に簡単に解くことができる．

例題 4.4 図 4.13 の回路において，インダクタ L に流れる電流 I をテブナン等価回路を何度か適用して求めよ。

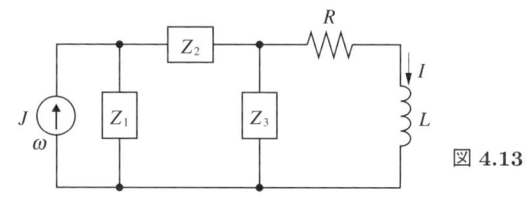

図 4.13

【解答】 まず，図 4.14(a) の網掛け部分を考えると，端子対 1-1′ の電圧は JZ_1 であり，電流源を開放除去したときのインピーダンスは Z_1 である。したがって，テブナン等価回路は図 (b) のように，大きさ JZ_1 の電圧源と Z_1 の直列接続になる。

次に，これを書き直した図 (c) の網掛け部分を考えると，端子対 1-1′ に現れる電圧 E_0 は

$$E_0 = \frac{JZ_1}{Z_1 + Z_2 + Z_3} Z_3$$

また，電圧源を短絡除去したときの複素インピーダンス Z_0 は，$Z_1 + Z_2$ と Z_3 の並列なので

$$Z_0 = \frac{(Z_1 + Z_2) Z_3}{Z_1 + Z_2 + Z_3}$$

であり，図 (d) のテブナン等価回路が得られる。

以上より，L を流れる電流 I は

$$I = \frac{E_0}{Z_0 + R + j\omega L}$$

となり，先の E_0 と Z_0 を代入して整理すればよい†。

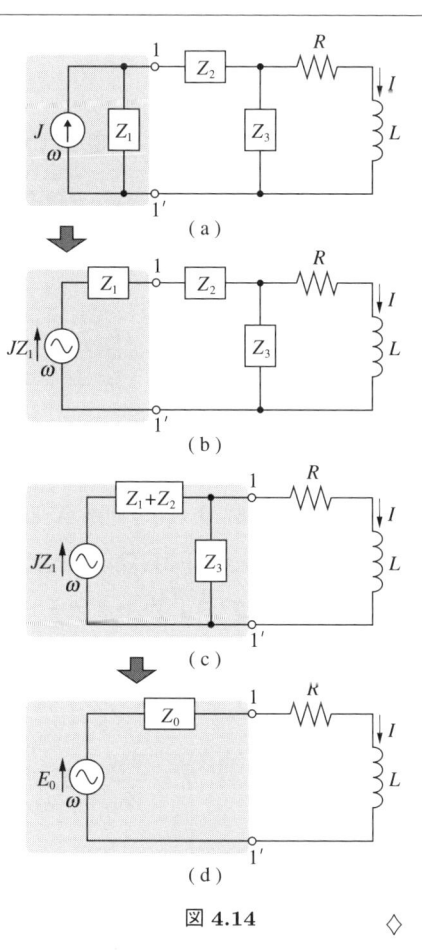

図 4.14 ◇

---

† 本例題 (a)⇒(b) の"電流源を電圧源に変換する等価回路"は，覚えておくと回路解析が簡単になる場合がしばしばある。

84　　4. 交流回路の諸性質

4.4.2　ノートンの定理

図 **4.15**(a) の回路 N はいくつかの電源を含み，その端子対 1-1$'$ を短絡したときに 1-1$'$ を流れる電流が J_0 であるとする。また，回路 N 内の電圧源を短絡除去，電流源を開放除去したとき，端子対 1-1$'$ からみた複素アドミタンスが Y_0 であるとする。このとき，端子対 1-1$'$ に図 (b) のように複素アドミタンス Y を接続したとすると，端子対 1-1$'$ 間の電圧 V は

$$V = \frac{J_0}{Y_0 + Y} \tag{4.2}$$

になるというのがノートンの定理（Norton's theorem）である[†]。

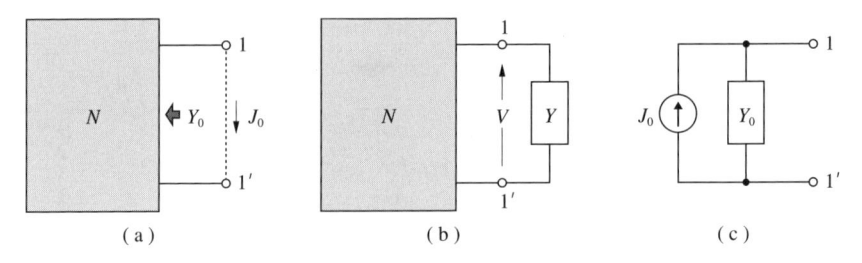

図 **4.15**　ノートンの定理とノートン等価回路

ノートンの定理によれば，回路 N は，図 (c) に示すような，電流源 J_0 と複素アドミタンス Y_0 を並列に接続した回路と，端子対 1-1$'$ からみて等価になる。この回路 (c) は回路 (a) に対する**ノートン等価回路**（Norton equivalent circuit）と呼ばれ，ノートンの定理は**等価電流源の定理**とも呼ばれる。

なお，ノートン等価回路とテブナン等価回路の関係は次式で与えられる。

$$Y_0 = \frac{1}{Z_0}, \qquad J_0 = \frac{E_0}{Z_0} = Y_0 E_0 \tag{4.3}$$

【**課題 4.1**】　よく似た考え方から，回路内の電圧・電流の変化分を与える"補償の定理"というものがある。どのような定理か調べてみよう。

[†] ノートンの定理はテブナンの定理に双対な定理であり，テブナンの定理と同様に，重ね合わせの理を用いて証明できる。

4.4 等価回路

例題 4.5 図 4.16 の回路（$Y_1 \sim Y_3$：アドミタンス）において，キャパシタ C の両端の電圧 V をノートン等価回路を用いて求めよ。

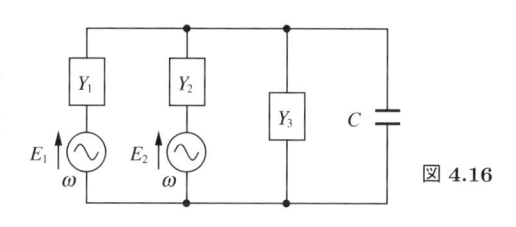

図 4.16

【解答】 図 4.17(a) の電圧源 E_1 とアドミタンス Y_1 の直列回路のノートン等価回路を考えると，端子対 1-1' を短絡したときに流れる電流は $Y_1 E_1$ であり，電圧源を短絡除去したときのアドミタンスは Y_1 である。したがって，ノートン等価回路は図 (b) のように，大きさ $Y_1 E_1$ の電流源とアドミタンス Y_1 の並列接続になる。

これを E_2 と Y_2 の直列部分にも適用し回路を書き直すと，図 (c) が得られ，二つの電流源を一つにまとめると図 (d) が得られる。

以上より，キャパシタ C の両端の電圧 V は

$$V = \frac{Y_1 E_1 + Y_2 E_2}{Y_1 + Y_2 + Y_3 + j\omega C}$$

となる[†]。

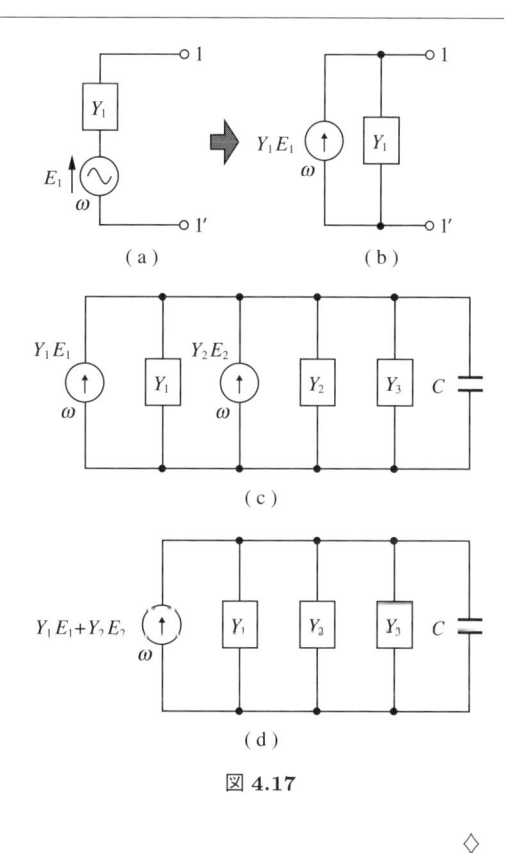

図 4.17

◇

[†] "電圧源を電流源に変換する等価回路" は，例題 4.4 に述べた "電流源を電圧源に変換する等価回路" と同様，回路解析にしばしば用いられる。
　なお，本例題と同じ結果を示す定理に**ミルマンの定理**（Millman's theorem）があるが，証明も本例題と同じ流れであるため，本書では省略した。

4.4.3 Δ–Y 変換

図 4.18(a) に Δ（デルタ）形回路，図 (b) に Y 形回路と呼ばれる回路を示す．これら二つの回路が等価になる条件，すなわち三つの端子 a, b, c の電圧がおのおの V_a, V_b, V_c であるときに，各端子に流れ込む電流 I_a, I_b, I_c が等しくなる条件を考えてみる．

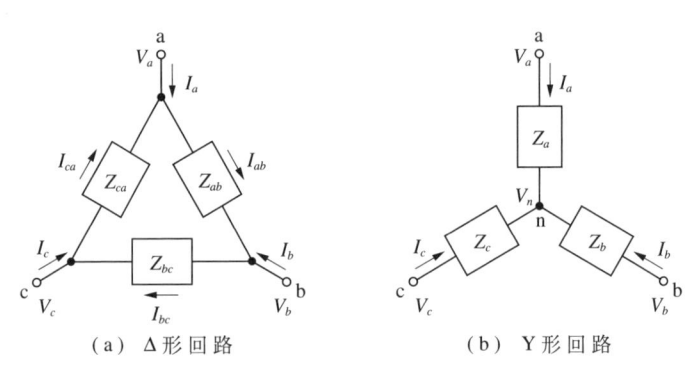

(a) Δ形回路　　　　　　　(b) Y 形回路

図 4.18　Δ 形回路と Y 形回路

まず，Δ 形回路において Z_{ab}, Z_{bc}, Z_{ca} を流れる電流 I_{ab}, I_{bc}, I_{ca} は

$$I_{ab} = \frac{V_a - V_b}{Z_{ab}}, \quad I_{bc} = \frac{V_b - V_c}{Z_{bc}}, \quad I_{ca} = \frac{V_c - V_a}{Z_{ca}}$$

であり，各端子に流れ込む電流 I_a, I_b, I_c は

$$\left.\begin{aligned}I_a = I_{ab} - I_{ca} = \frac{V_a - V_b}{Z_{ab}} - \frac{V_c - V_a}{Z_{ca}} \\ I_b = I_{bc} - I_{ab} = \frac{V_b - V_c}{Z_{bc}} - \frac{V_a - V_b}{Z_{ab}} \\ I_c = I_{ca} - I_{bc} = \frac{V_c - V_a}{Z_{ca}} - \frac{V_b - V_c}{Z_{bc}}\end{aligned}\right\} \quad (4.4)$$

となる．

次に，Y 形回路では，中央の節点 n の電圧を V_n とすると

$$I_a = \frac{V_a - V_n}{Z_a}, \quad I_b = \frac{V_b - V_n}{Z_b}, \quad I_c = \frac{V_c - V_n}{Z_c}$$

である．これを節点 n の KCL

4.4 等価回路

$I_a + I_b + I_c = 0$

に代入し V_n について整理すると

$$V_n = \frac{Z_b Z_c V_a + Z_c Z_a V_b + Z_a Z_b V_c}{Z_a Z_b + Z_b Z_c + Z_c Z_a}$$

これを先の I_a の式に代入して整理すれば

$$I_a = \frac{V_a - V_n}{Z_a} = \frac{(Z_b + Z_c) V_a - Z_c V_b - Z_b V_c}{Z_a Z_b + Z_b Z_c + Z_c Z_a}$$

が得られる。一方,式 (4.4) の I_a を変形すると

$$I_a = \left(\frac{1}{Z_{ab}} + \frac{1}{Z_{ca}}\right) V_a - \frac{1}{Z_{ab}} V_b - \frac{1}{Z_{ca}} V_c$$

であり,この両式が等しくなるためには,V_a, V_b, V_c の各係数が等しくなればよい。したがって,V_b, V_c の係数より

$$Z_{ab} = \frac{Z_a Z_b + Z_b Z_c + Z_c Z_a}{Z_c} \tag{4.5}$$

$$Z_{ca} = \frac{Z_a Z_b + Z_b Z_c + Z_c Z_a}{Z_b} \tag{4.6}$$

という関係式が得られる(V_a の係数は 2 式が成立すれば自動的に成立する)。また,I_b, I_c に対する同様の操作より,式 (4.5), (4.6) に加えて

$$Z_{bc} = \frac{Z_a Z_b + Z_b Z_c + Z_c Z_a}{Z_a} \tag{4.7}$$

が得られる。

以上の式 (4.5)〜(4.7) が,**Y Δ 変換**,すなわち Y 形回路を Δ 形の等価回路に変換する際の複素インピーダンスの変換式になる。

さらに,式 (4.5), (4.6), (4.7) を加え合わせれば

$$Z_{ab} + Z_{bc} + Z_{ca} = (Z_a Z_b + Z_b Z_c + Z_c Z_a) \left(\frac{1}{Z_a} + \frac{1}{Z_b} + \frac{1}{Z_c}\right)$$
$$= \frac{(Z_a Z_b + Z_b Z_c + Z_c Z_a)^2}{Z_a Z_b Z_c}$$

88　　4. 交流回路の諸性質

また，式 (4.5), (4.6) を掛けると

$$Z_{ab}Z_{ca} = \frac{(Z_aZ_b + Z_bZ_c + Z_cZ_a)^2}{Z_bZ_c}$$

この両式より

$$Z_a = \frac{Z_{ab}Z_{ca}}{Z_{ab} + Z_{bc} + Z_{ca}} \tag{4.8}$$

が得られる。同様にすれば

$$Z_b = \frac{Z_{ab}Z_{bc}}{Z_{ab} + Z_{bc} + Z_{ca}} \tag{4.9}$$

$$Z_c = \frac{Z_{bc}Z_{ca}}{Z_{ab} + Z_{bc} + Z_{ca}} \tag{4.10}$$

も得られ，Δ–**Y 変換**，すなわち Δ 形回路を Y 形の等価回路に変換する際の複素インピーダンスの変換式になる[†]。

なお，特別な場合として，Y 形回路の各負荷が等しい（$Z_a = Z_b = Z_c = Z$）場合，式 (4.5)〜(4.7) に代入すれば明らかなように $Z_{ab}=Z_{bc}=Z_{ca}=3Z$ になる。すなわち，対称な Y 形回路を Δ 形回路に変換すれば，各負荷が 3 倍になった対称な Δ 形回路が得られる。逆に，各負荷が Z の Δ 形回路を Y 形回路に変換すれば，各負荷が $Z/3$ の Y 形回路が得られる。また，左右対称な回路を Δ–Y 変換して得られる回路は左右対称になる。これらのことは覚えておくとよい。

[†] Y 形回路の負荷を，複素インピーダンス Z_a, Z_b, Z_c ではなく複素アドミタンス Y_a, Y_b, Y_c で考えると，Y–Δ 変換の式 (4.5)〜(4.7) は

$$Z_{ab} = \frac{Y_a + Y_b + Y_c}{Y_aY_b}, \quad Z_{ca} = \frac{Y_a + Y_b + Y_c}{Y_cY_a}, \quad Z_{bc} = \frac{Y_a + Y_b + Y_c}{Y_bY_c}$$

Δ–Y 変換の式 (4.8)〜(4.10) は

$$Y_a = \frac{Z_{ab}+Z_{bc}+Z_{ca}}{Z_{ab}Z_{ca}}, \quad Y_b = \frac{Z_{ab}+Z_{bc}+Z_{ca}}{Z_{ab}Z_{bc}}, \quad Y_c = \frac{Z_{ab}+Z_{bc}+Z_{ca}}{Z_{bc}Z_{ca}}$$

と変形でき，Y–Δ 変換の式と Δ–Y 変換の式が同じ形になる。覚えやすさからいえば，こちらの式のほうが優れているかもしれない。

例題 4.6 図 4.19 の回路において，抵抗 R の値を調整すれば，ある周波数で V が 0 になるという。その周波数と R の値を求めよ。

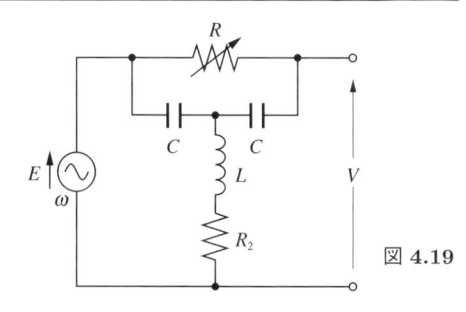

図 4.19

【解答】 図 4.19 の C, R, C の Δ 形部分，すなわち図 4.20(a) に対し，Δ–Y 変換を施し，図 (b) の Y 形に変形する。式 (4.8) ～ (4.10) に

$$Z_{ab} = R, \quad Z_{bc} = Z_{ca} = \frac{1}{j\omega C}$$

を代入し整理すると

$$Z_a = Z_b = \frac{R}{2 + j\omega CR}$$

$$Z_c = \frac{-1}{4 + \omega^2 C^2 R^2}\left(R + j\frac{2}{\omega C}\right)$$

となり，元の回路は図 (c) に変換できる。ここで，V が 0 になるためには，Z_c, L, R_2 の直列部分のインピーダンスが 0 になればよく

$$\frac{-1}{4 + \omega^2 C^2 R^2}\left(R + j\frac{2}{\omega C}\right) + j\omega L + R_2 = 0$$

この式の 実部=0，虚部=0 より

$$R_2 = \frac{R}{4 + \omega^2 C^2 R^2}, \quad \omega L = \frac{2/\omega C}{4 + \omega^2 C^2 R^2}$$

が得られ，両式の辺ごとの割り算より

$$\omega^2 = \frac{2 R_2}{RLC} \quad \Rightarrow \quad f = \frac{1}{2\pi}\sqrt{\frac{2 R_2}{RLC}}$$

この ω^2 を R_2 の式に代入し整理すれば

$$R = \frac{4 R_2 L}{L - 2 R_2^2 C}$$

が得られる。　　　　　　　　　　　　　　　　　　　　　　◇

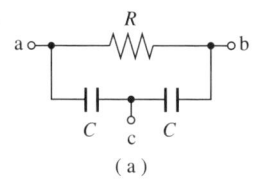

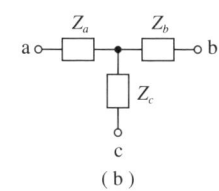

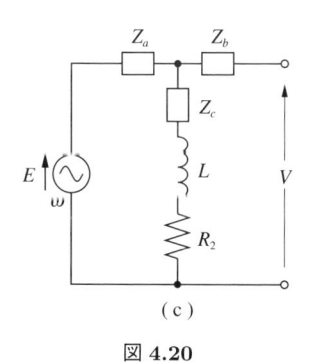

図 4.20

4.5 ブリッジ回路

種々の測定に用いられるブリッジ回路（bridge circuit）の基本的な構成を図 **4.21** に示す。

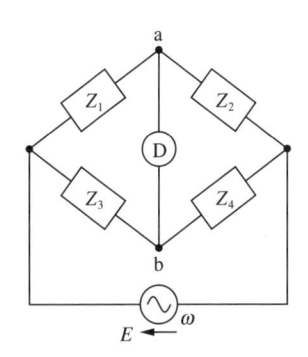

図 4.21 基本的なブリッジ回路

このブリッジ回路において，端子 a-b 間に接続された検出器[†1] D に流れる電流が 0 になる条件を求めてみる。そのためには，端子 a の電圧と端子 b の電圧が等しくなればよく

$$\frac{Z_2}{Z_1 + Z_2} E = \frac{Z_4}{Z_3 + Z_4} E$$

が成立すればよい。これを整理すると

$$Z_1 Z_4 = Z_2 Z_3 \tag{4.11}$$

が得られる。この式 (4.11) を**ブリッジの平衡条件**といい，この式が成立し検出器に流れる電流が 0 になるとき，ブリッジが**平衡**したといわれる。

実際には，測定したいインピーダンスを $Z_1 \sim Z_4$ のいずれかとし，残り三つのインピーダンスの値を調節してブリッジを平衡させれば，式 (4.11) から未知インピーダンスの値が求められる[†2]。

[†1] 検出器（detector）とは，微小電流を検出するための計器であり，検流計（感度を高めた電流計）などが一般的である。

[†2] インピーダンス $Z_1 \sim Z_4$ をすべて抵抗で構成したブリッジは**ホイートストンブリッジ**（Wheatstone bridge）と呼ばれ，未知抵抗の測定に用いられる。

例題 4.7 図 **4.22** にウィーンブリッジ（Wien bridge）と呼ばれる回路を示す。このブリッジの平衡条件を求めよ。

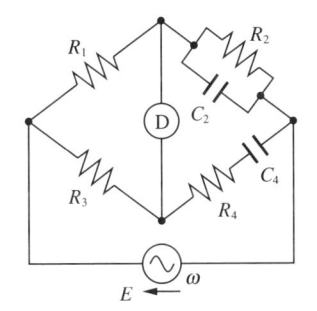

図 **4.22**

【解答】 図 4.21 と同じ構成になるようにインピーダンス $Z_1 \sim Z_4$ を考えると

$$Z_1 = R_1$$

$$Z_2 = \frac{1}{\frac{1}{R_2} + j\omega C_2} = \frac{R_2}{1 + j\omega C_2 R_2}$$

$$Z_3 = R_3$$

$$Z_4 = R_4 + \frac{1}{j\omega C_4}$$

これらを平衡条件の式 (4.11) に代入すると

$$R_1 \left(R_4 + \frac{1}{j\omega C_4} \right) = \frac{R_2}{1 + j\omega C_2 R_2} R_3$$

$$\Rightarrow (1 + j\omega C_2 R_2) \left(R_4 + \frac{1}{j\omega C_4} \right) = \frac{R_2 R_3}{R_1}$$

$$\rightarrow \left(R_4 + \frac{C_2 R_2}{C_4} \right) + j \left(\omega C_2 R_2 R_4 - \frac{1}{\omega C_4} \right) = \frac{R_2 R_3}{R_1}$$

この式が成立するためには，左辺の実部が右辺の実部に等しく，左辺の虚部が右辺の虚部に等しくなればよいので

実部より　$R_4 + \dfrac{C_2 R_2}{C_4} = \dfrac{R_2 R_3}{R_1}$ $\Rightarrow$ $\dfrac{R_4}{R_2} + \dfrac{C_2}{C_4} = \dfrac{R_3}{R_1}$

虚部より　$\omega C_2 R_2 R_4 - \dfrac{1}{\omega C_4} = 0$ $\Rightarrow$ $\omega C_2 R_2 = \dfrac{1}{\omega C_4 R_4}$

が得られる。　　　　　　　　　　　　　　　　　　　　　　　　　　　　◇

4.6 双対回路

平面上に枝どうしが交わることなく描くことのできるグラフは，平面グラフと呼ばれている．与えられた回路のグラフが平面グラフとなるとき，この回路に対応して，次の手順で新しい回路をつくることができる．これを**双対回路**（dual circuit）という．図 4.23 を例に手順を説明すると

1. 元の回路 (a) のグラフを平面上に描き，各網目内に 1 個ずつ節点をおく．回路の一番外側にも一つの節点をおく．図 (b) の節点 A, B．
2. 元の回路の各枝について，この枝を横切るように，新たな節点を結ぶ枝を考える．図 (b) の枝 $1', 2', 3', 4'$．
3. 2. で結んだ枝の特性を**表 4.1** のものとすれば，図 (c) の双対回路を得る．

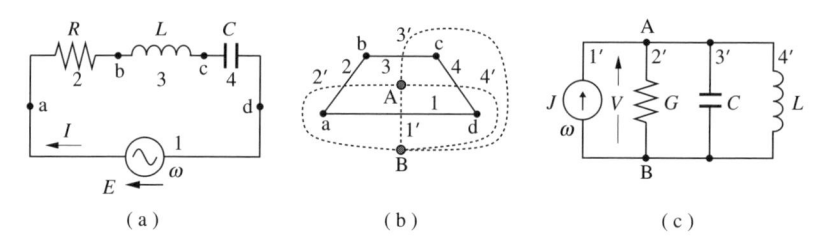

図 4.23 双対回路の作成手順

表 4.1 枝 の 特 性

元の回路の枝の特性	⇒	新たに結んだ枝の特性
電圧源	⇒	電流源
電流源	⇒	電圧源
抵 抗	⇒	コンダクタンス
コンダクタンス	⇒	抵 抗
インダクタンス	⇒	キャパシタンス
キャパシタンス	⇒	インダクタンス

元の回路と双対回路の間には，変数や方程式，その他の回路の性質などについて**双対性**（duality）と呼ばれる対応がある．例えば，図 4.23 の場合

元の回路の KVL $\Rightarrow$ $\left(R + j\omega L + \dfrac{1}{j\omega C}\right) I = E$

双対回路の KCL $\Rightarrow$ $\left(G + j\omega C + \dfrac{1}{j\omega L}\right) V = J$

と，得られる回路方程式が同じ形になっている。

したがって，平面グラフとなる回路ではこの双対性の性質から，元の回路を解析すればそれと双対な回路が自動的に解析されたことになる。

例題 4.8 図 4.24 の回路の双対回路を求め，元の回路の電流 I と双対回路の電圧 V に双対性があることを確かめよ。

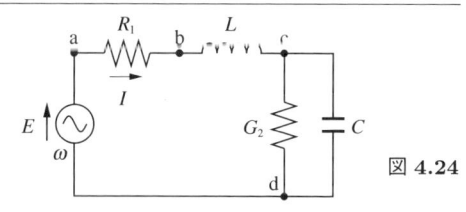

図 4.24

【解答】 元の回路の電流 I は次式になる。

$$I = \dfrac{E}{R_1 + j\omega L + \dfrac{1}{G_2 + j\omega C}}$$

次に双対回路を求める。まず，先の手順 1, 2 より図 4.25 のグラフが得られる。節点 A, B, C が各網目と回路外側に設けた節点で，破線が元の枝を横切るように新たに結んだ枝である。次に手順 3 より，この新たな枝の特性を双対性より定義すれば，図 4.26 の双対回路が得られる。したがって，電圧 V は

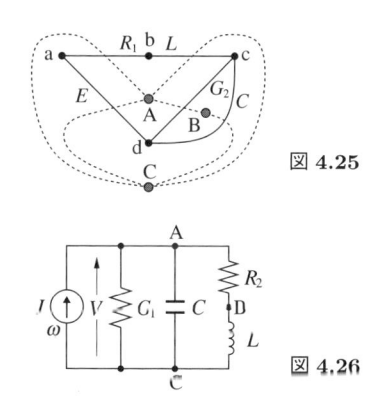

図 4.25

図 4.26

$$J = G_1 V + j\omega C V + \dfrac{V}{R_2 + j\omega L} \Rightarrow V = \dfrac{J}{G_1 + j\omega C + \dfrac{1}{R_2 + j\omega L}}$$

と求められ，I の式との双対性は明らかである。 ◇

【課題 4.2】 テブナン等価回路とノートン等価回路は互いに双対回路であることを確かめよ。また，ほかにも双対性がある回路や定理・公式などがないか調べてみよう。

4.7 インピーダンスの周波数特性

交流回路にインダクタやキャパシタが含まれている場合，その複素インピーダンスは ω を含み，周波数に応じてインピーダンスの値が変化する。

以下では，このインピーダンスの周波数特性に関連するいくつかの重要な回路を紹介する。

4.7.1 定抵抗回路

図 4.27(a) に示すブリッジ回路において，平衡条件

$$Z_1 Z_2 = R^2 \tag{4.12}$$

が成立すれば，Z_0 がどのようなものであっても電流は流れない。このとき，端子 a-b からみた複素インピーダンス Z_{ab} を求めると

$$\begin{aligned} Z_{ab} &= \frac{(R+Z_1)(R+Z_2)}{(R+Z_1)+(R+Z_2)} = \frac{R^2 + Z_1 Z_2 + R(Z_1+Z_2)}{2R + Z_1 + Z_2} \\ &= \frac{R^2 + R^2 + R(Z_1+Z_2)}{2R + Z_1 + Z_2} = \frac{R(2R + Z_1 + Z_2)}{2R + Z_1 + Z_2} = R \end{aligned}$$

となる。これは，Z_1, Z_2, Z_0 がどのようなものであっても，式 (4.12) が成り立つ限り，この回路は抵抗 R と等価であることを示している。このように，ある端子対からみて抵抗と等価になる回路，いいかえれば，ある端子対からみた複素インピーダンスが周波数に無関係になる回路を**定抵抗回路** (constant resistance circuit) という。図 4.27(b) にその一例を示す。

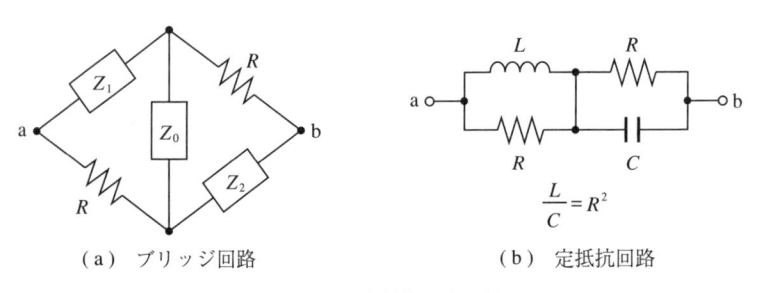

（a）ブリッジ回路　　　　　（b）定抵抗回路

図 4.27　定抵抗回路の例

4.7.2 共振回路

音響分野などでよく知られた共鳴という現象に対応するものが RLC 回路でも観測される。これは**共振**（resonance）と呼ばれるもので，ある周波数に対して非常に大きな振幅の振動が生じる現象である。この共振現象は，フィルタや発振器などに広く用いられ，電気工学上非常に重要である。

図 4.28(a) の回路を考えると，流れる電流は

$$I = \frac{E}{R + j\left(\omega L - \dfrac{1}{\omega C}\right)}, \quad |I| = \frac{|E|}{\sqrt{R^2 + \left(\omega L - \dfrac{1}{\omega C}\right)^2}} \quad (4.13)$$

となる。この電流 $|I|$ が角周波数 ω の変化に対してどう変化するかを図示すると，図 4.28(b) の**共振曲線**が得られる。

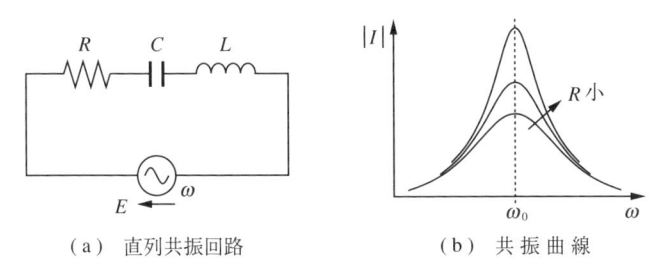

（a）直列共振回路　　（b）共振曲線

図 **4.28** 直列共振回路と共振曲線

ω_0 は式 (4.13) の分母の虚部が 0 になる角周波数

$$\omega_0 = \frac{1}{\sqrt{LC}} \qquad \left(f_0 = \frac{\omega_0}{2\pi}\right) \quad (4.14)$$

であり，このとき電流 $|I|$ は最大値 $\dfrac{|E|}{R}$ になり電源電圧と同相になる。また，図 4.28(b) からわかるように，R の値が小さいほど共振現象は大きくなる。したがって，実用的な共振回路では R は非常に小さい。

このような LC 直列接続の回路でみられる共振現象を**直列共振**[†]といい，f_0 を**共振周波数**という。

[†] 図 4.28(a) と双対な LC 並列回路でも共振現象はみられ，**並列共振**と呼ばれている。

例題 4.9 図 4.28 の直列共振回路において，電流 $|I|$ がその最大値の $1/\sqrt{2}$ になる角周波数 ω_1, ω_2 を求めよ．ただし，R は十分小さいものとする．

【解答】 本文より，電流 $|I|$ は角周波数 $\omega_0 = \dfrac{1}{\sqrt{LC}}$ のときに最大値 $\dfrac{|E|}{R}$ になる．したがって，題意より

$$|I| = \frac{|E|}{\sqrt{R^2 + \left(\omega_1 L - \dfrac{1}{\omega_1 C}\right)^2}} = \frac{|E|}{\sqrt{2}\,R} \quad (\omega_2 \text{についても同様})$$

すなわち

$$\left(\omega_1 L - \frac{1}{\omega_1 C}\right)^2 = R^2, \quad \left(\omega_2 L - \frac{1}{\omega_2 C}\right)^2 = R^2$$

を満たす ω_1 と ω_2 を求めればよい．ここで，$\omega_1 < \omega_2$ とすると

$$\omega_1 L - \frac{1}{\omega_1 C} = -R, \quad \omega_2 L - \frac{1}{\omega_2 C} = R$$

これらの 2 次方程式に解の公式を当てはめると

$$\omega_1 = \frac{1}{2}\left(-\frac{R}{L} + \sqrt{\frac{R^2}{L^2} + \frac{4}{LC}}\right), \quad \omega_2 = \frac{1}{2}\left(\frac{R}{L} + \sqrt{\frac{R^2}{L^2} + \frac{4}{LC}}\right)$$

ここで，R が十分小さいことを利用して $R^2 \fallingdotseq 0$ と近似すると

$$\omega_1 \fallingdotseq \frac{1}{\sqrt{LC}} - \frac{R}{2L} \fallingdotseq \omega_0 - \frac{R}{2L}$$

$$\omega_2 \fallingdotseq \frac{1}{\sqrt{LC}} + \frac{R}{2L} \fallingdotseq \omega_0 + \frac{R}{2L}$$

が得られる（図 **4.29**）．

【備考】 ある周波数の区間だけ大きな振幅が得られることを利用したものに，**帯域通過フィルタ**がある．フィルタの場合，振幅が $1/\sqrt{2}$ 以上になる周波数の区間を**通過帯域**（passband），f_2-f_1 を**帯域幅**（band width）とい

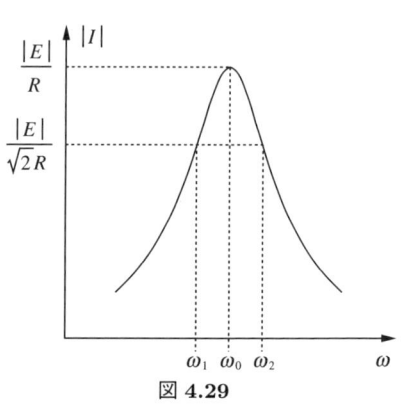

図 **4.29**

う．また，振幅比を $20\log_{10}$ で測ることが多く，$20\log_{10}(1/\sqrt{2}) \fallingdotseq -3.0\,\text{dB}$（デシベル）より，電流の**利得**（gain）が 3 dB だけ減少する周波数が f_1, f_2 ともいえる．
　　　　　　　　　　　　　　　　　　　　　　　　　　　　　　　　　　　$\diamondsuit$

4.8 整合（マッチング）

図 **4.30** に示すような，電圧源 E と複素インピーダンス Z_0 の直列回路に負荷 Z_L が接続された回路において，負荷に供給される有効電力が最大になる条件を求めてみる。端子対 1-1′ から左側の回路は，電圧源とその内部インピーダンスと考えてもよいし，あるいはテブナン等価回路と考えてもよい。

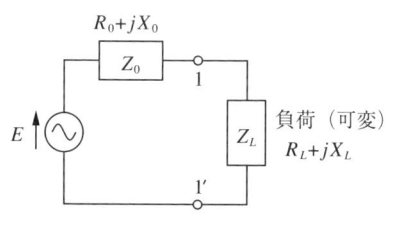

図 4.30 電圧源と負荷の整合

複素インピーダンス Z_0 と負荷 Z_L をおのおの

$$Z_0 = R_0 + jX_0 \quad (R_0 \geq 0)$$
$$Z_L = R_L + jX_L \quad (R_L, X_L は可変, R_L \geq 0)$$

とすると，このとき負荷に供給される有効電力は

$$P_e = R_L |I|^2 = R_L \left| \frac{E}{Z_0 + Z_L} \right|^2 = \frac{R_L E_e^2}{(R_0 + R_L)^2 + (X_0 + X_L)^2} \quad (4.15)$$

となる。式 (4.15) において R_L, X_L を変化させ，P_e を最大にしてみる。まず，X_L は分母のみに含まれ，$(X_0+X_L)^2$ は $X_L=-X_0$ のときに最小値 0 をとるので，$X_L=-X_0$ とおく。次に，R_L を正の範囲で変化させ $\dfrac{R_L}{(R_0+R_L)^2}$ を最大にするには $R_L=R_0$ とすればよい。すなわち

【供給電力最大の条件】

$$R_L = R_0, \quad X_L = -X_0 \quad (4.16)$$

となる。式 (4.16) が成立するとき，電源側に負荷が**整合**（match）したといい，式 (4.16) を**整合条件**という。また，このときの最大電力 $P_{max} = \dfrac{E_e^2}{4R_0}$ は，

内部インピーダンス Z_0 をもつ電源から取り出せる最大の有効電力といえ，電源の**固有電力**（available power）と呼ばれる。

例題 4.10 図 4.31 の回路の整合条件を求めよ。

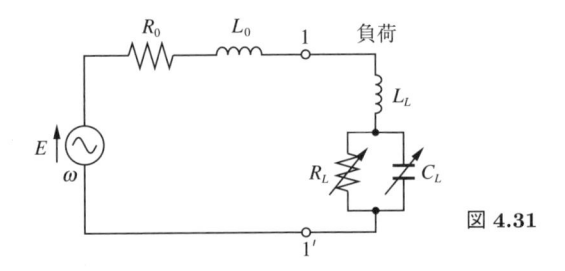

図 4.31

【解答】 図 4.30 の回路と比較すれば

$$Z_0 = R_0 + j\omega L_0$$

$$Z_L = j\omega L_L + \cfrac{1}{\cfrac{1}{R_L} + j\omega C_L} = j\omega L_L + \frac{R_L - j\omega C_L R_L^2}{1 + \omega^2 C_L^2 R_L^2}$$

である。したがって，整合条件は式 (4.16) より

$$\frac{R_L}{1 + \omega^2 C_L^2 R_L^2} = R_0$$

$$L_L - \frac{C_L R_L^2}{1 + \omega^2 C_L^2 R_L^2} = -L_0 \quad \Rightarrow \quad \frac{C_L R_L^2}{1 + \omega^2 C_L^2 R_L^2} = L_0 + L_L$$

となり，この両式より R_L, C_L を求めれば

$$R_L = \frac{R_0^2 + \omega^2 (L_0 + L_L)^2}{R_0}, \quad C_L = \frac{L_0 + L_L}{R_0^2 + \omega^2 (L_0 + L_L)^2}$$

が得られる。この R_L と C_L の値が整合条件であり，供給電力を最大にする条件になる。 ◇

【**課題 4.3**】 図 4.30 の電圧源と内部インピーダンスの直列回路を，ノートン等価回路（すなわち電流源と内部アドミタンスの並列回路）に置き換えた場合においても同様の議論ができ，整合条件が導出できる。調べてみよう。

演 習 問 題

4.1 問図 4.1 の回路において，電圧源 $e(t)$ が以下の各値の場合，抵抗 R にかかる電圧を求めよ。
  (1) $e(t) = E_0 + E_1 \cos\omega t$
  (2) $e(t) = E_1 \cos\omega t + E_2 \cos 2\omega t$

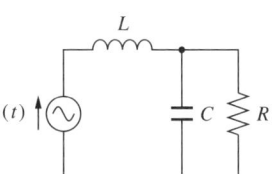

問図 4.1

4.2 問図 4.2 の回路において，抵抗 R での有効電力を求めよ。

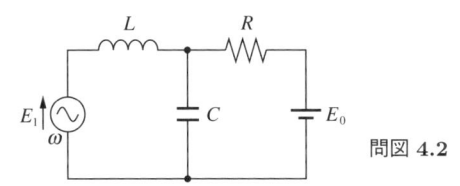

問図 4.2

4.3 問図 4.3 に示す回路 (a), (b) のテブナン等価回路およびノートン等価回路を求めよ。ただし，G はコンダクタンスである。

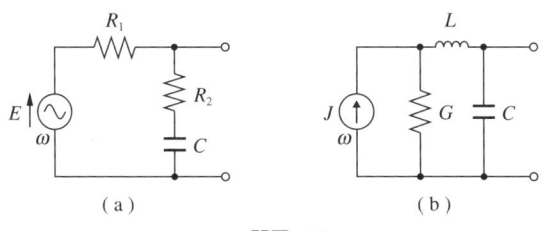

問図 4.3

4.4 問図 4.4 に示す図 (a), (b) の Δ 形回路を Y 形回路に，図 (c), (d) の Y 形回路を Δ 形回路に変換せよ。

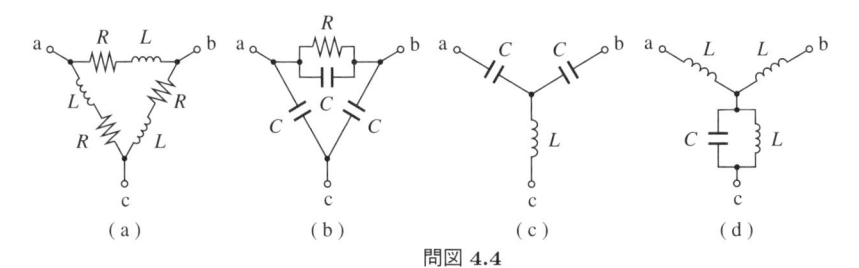

問図 4.4

4.5 問図 4.5 に示す橋絡 T 形回路で,抵抗 R の両端の電圧 V を求めよ。

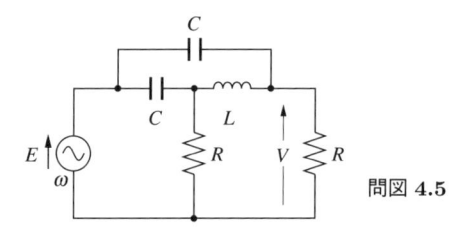

問図 4.5

4.6 問図 4.6 ヘイブリッジの平衡条件より,電源の周波数を求める式を導け。

4.7 問図 4.7 シェーリングブリッジの平衡条件より R_1, C_1 を求める式を導け。

4.8 問図 4.8 アンダーソンブリッジの平衡条件より R_4, L_4 を求める式を導け。

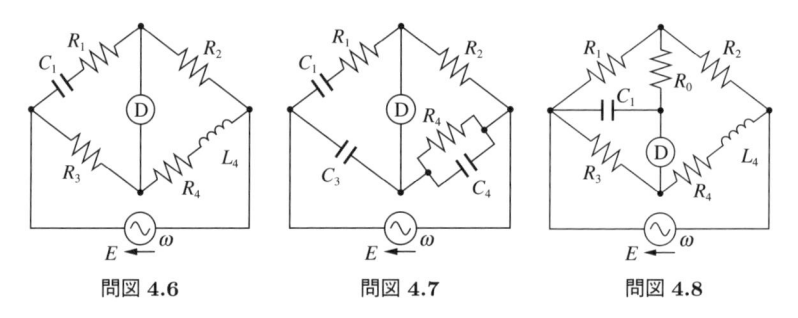

問図 4.6　　　問図 4.7　　　問図 4.8

4.9 問図 4.9 に示す回路の電流 $|I|$ を求めよ。また,$|I|$ を ω の関数としたとき,極値を与える ω の値を求め,そのグラフの概形を図示せよ。

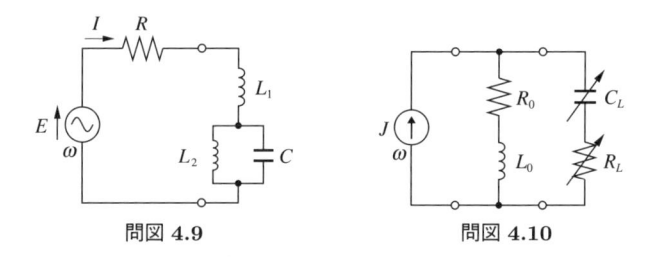

問図 4.9　　　問図 4.10

4.10 問図 4.10 に示す回路に対して
  (1) 電流源から右をみたアドミタンスが周波数 ω に無関係に純抵抗となる R_L, C_L を求めよ。
  (2) R_L, C_L を調整して整合させた。整合条件を求めよ。

5

2 端子対結合素子

5.1 はじめに

　この章からは，複数個の電圧や電流をベクトルとしてまとめて扱い，回路を解析する方法について考える．同種のものをひとまとめにして考えることは，多変数の間に成り立つ関係や法則を見やすくし，考え方をまとめる際に有効な手法といえる．以下，基本となる考え方の要点を 2 次元ベクトル（2 個ひとまとめ）の場合で整理しておこう．

1. 回路の状態：瞬時電圧 v，瞬時電流 i：これらの回路変数は，2 次元ベクトルになった場合，次式のように 2 個の成分をもつ数の列となる．

$$v = \begin{bmatrix} v_1 \\ v_2 \end{bmatrix}, \quad i = \begin{bmatrix} i_1 \\ i_2 \end{bmatrix} \tag{5.1}$$

2. 素子特性：抵抗，キャパシタおよびインダクタの素子特性は，これまでの 1 変数（スカラー）の場合，次式で定義されていた．

$$v = Ri, \quad v = L\frac{di}{dt}, \quad i = C\frac{dv}{dt} \tag{5.2}$$

これらを 2 次元の場合に拡張し，式 (5.1) のベクトル間に成り立つ関係式とみると，見掛け上同じ式となる．ただし，素子特性を表す R, L, C は 2×2 行列となる．

$$R = \begin{bmatrix} R_{11} & R_{12} \\ R_{21} & R_{22} \end{bmatrix}, \quad L = \begin{bmatrix} L_{11} & L_{12} \\ L_{21} & L_{22} \end{bmatrix}, \quad C = \begin{bmatrix} C_{11} & C_{12} \\ C_{21} & C_{22} \end{bmatrix} \tag{5.3}$$

　この章では，次節で多端子回路（あるいは素子）と多端子対回路（あるいは素子）の定義を述べ，その後 2 端子対素子として定義される回路素子をいくつか紹介する．また，これらの素子を使った簡単な回路を解析する．

5.2 多端子回路と多端子対回路

これまで扱ってきた回路素子は，すべて図 5.1(a) に示すように**端子**（引出し線）(terminal) を二つもつ素子であった．また，これらの素子を組み合わせてつくった回路は，節点に適当な引出し線を設け端子として取り出し，これらに注目すると，多くの端子をもつ回路とみることができる〔図 (b)〕．

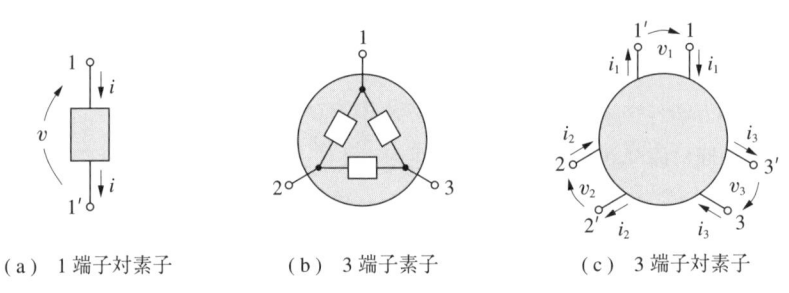

(a) 1 端子対素子　　　(b) 3 端子素子　　　(c) 3 端子対素子

図 5.1 1 端子対素子，3 端子素子および 3 端子対素子

他方，図 (a) に示す素子の端子から流入する電流と流出する電流に注目すれば，KCL よりこれらは等しくならなければならない．したがって，これらの二つの端子は別々に考えるよりは，まとめて一組みとしてみたほうが便利といえる．同様に，端子 2 本を一組みにして同じ電流が出入りすると仮定し，一つの**端子対**（port）として考察すると便利な場合がある〔図 (c)〕．

このように回路（または素子）を

- 端子の数でみた場合：端子数が n 本の回路（または素子）を **n 端子回路**（n-terminal circuit）（または n 端子素子）
- 端子対の数でみた場合：端子対数が n 個の回路（または素子）を **n 端子対回路**（n-port）（または n 端子対素子）

という．n 端子対回路は $2n$ 端子回路である．

次に，n 端子対回路（または素子）の電圧・電流の向きを定義しておこう．本書では，これまでに 1 端子対素子に定義してきた図 5.1(a) の向きを一般化し，各端子対に図 5.1(a) と同様な向きを付けることにする〔図 (c)〕．

5.2 多端子回路と多端子対回路

端子対回路（または素子）で最もよく使われるのは，**2 端子対回路**（2-port）である。この場合，図 **5.2**(a) のように電圧・電流の向きを付けることを基本とするが，場合によっては図 (b) の向きを考えたほうが便利なこともある。このような場合は，そのつど向きの定義を注意することにしよう。

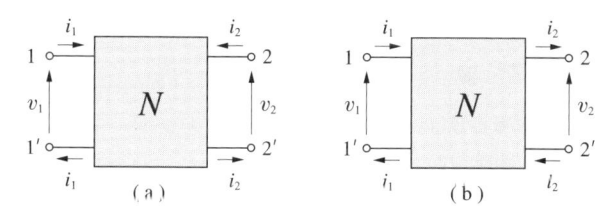

図 5.2 2 端子対回路の端子対電圧・電流の向き

また，2 端子対回路 N の各端子対（ポート）の呼び名についてふれておこう。図 5.2(a) で左に示す端子対 1-1′ には電源など入力信号を接続し，右に示す端子対 2-2′ には負荷や別の回路がつながれることが多い。このことから，**表 5.1** に示す名称で呼ぶことがある。文脈から適切に理解するとよい。

表 5.1

左 1-1′ ポート	右 2-2′ ポート
入力端	出力端
1 次側	2 次側
制御端	被制御端
送信端	受信端

最後に，相反性についてふれておく。2 端子対回路の電圧と電流の関係が

$$\begin{bmatrix} v_1 \\ v_2 \end{bmatrix} = \begin{bmatrix} Z_{11} & Z_{12} \\ Z_{21} & Z_{22} \end{bmatrix} \begin{bmatrix} i_1 \\ i_2 \end{bmatrix} \tag{5.4}$$

で表されるとき，$Z_{12}=Z_{21}$（対称行列）の場合は，i_2 が v_1 に与える影響と，i_1 が v_2 に与える影響が等しいことを意味する。このとき，この 2 端子対回路は**相反性**（reciprocity）（あるいは可逆性）の性質をもつという。一般に，抵抗，キャパシタ，インダクタしか含まない 2 端子対回路は相反性の性質をもつ。

5.3 結合抵抗

本節では，端子の電圧や電流が抵抗的，すなわち $j\omega$ を含まない形で結合した素子（**結合抵抗**とみることができる素子）をいくつか紹介する。

5.3.1 制御電源

回路内に含まれるある素子の電圧や電流の値によって，電源の値が決まる電圧源や電流源を**制御電源**（controlled source），あるいは**従属電源**（dependent source）という[†]。制御電源は，図 **5.3** のような記号で示される。

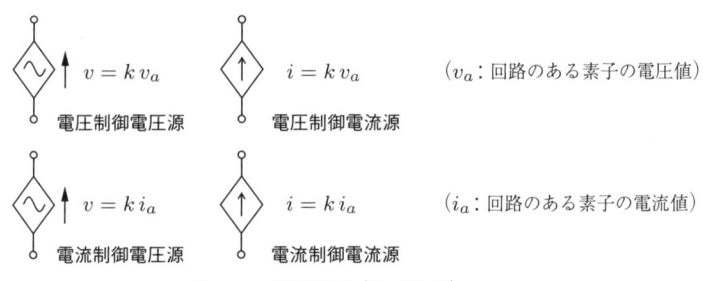

$v = k v_a$　　　$i = k v_a$　　　（v_a：回路のある素子の電圧値）
電圧制御電圧源　　電圧制御電流源

$v = k i_a$　　　$i = k i_a$　　　（i_a：回路のある素子の電流値）
電流制御電圧源　　電流制御電流源

図 **5.3**　制御電源（従属電源）

図中の◇記号が制御電源を表し

　　◇記号の中に∿記号があれば，制御電圧源

　　◇記号の中に↑記号があれば，制御電流源

を表す。

制御電源を制御する信号は，回路内のある素子の電圧あるいは電流の 2 種類であるから，制御電源は図 5.3 に示す 4 種類が考えられる。

【課題 5.1】　制御電源は電子回路の解析で日常的に使われている。どのような例があるか調べてみよう。

[†] "制御電源" という用語は，正確には "被制御電源" または "制御される電源" というべきであろう。なお，いままで出てきた普通の電源（あらかじめ定められた値をもつ電源）を制御電源と区別するために**独立電源**ということがある。

例題 5.1 図 5.4 の電流制御電圧源を含む回路に対し，電流 I を求めよ。

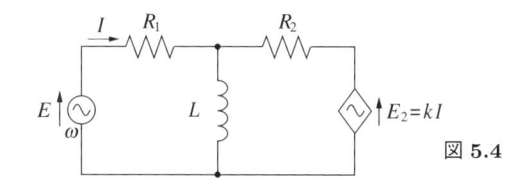

図 5.4

【解答】 まず，網目解析をしてみよう。図 5.5 のループ電流 I, I_2 を仮定すると，ループに沿った KVL より

$$V_{R1} + V_L = E$$
$$V_{R2} + V_L = E_2 = kI$$

すなわち

$$R_1 I + j\omega L (I + I_2) = E$$
$$R_2 I_2 + j\omega L (I + I_2) = kI$$

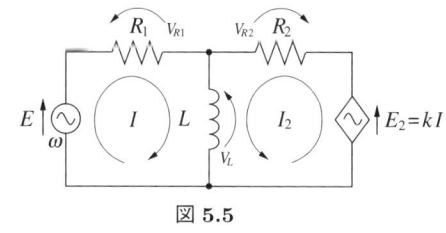

となるので，この連立方程式を I について解くと

$$I = \frac{R_2 + j\omega L}{R_1 R_2 + j\omega L (R_1 + R_2 + k)} E$$

となる。

図 5.5

（別解） 次に，節点解析をしてみる。図 5.6 のように，基準節点 0 と節点電圧 V を仮定すると

$$I = \frac{E - V}{R_1}$$
$$I_{R2} = \frac{E_2 - V}{R_2} = \frac{kI - V}{R_2}$$
$$I_L = \frac{V}{j\omega L}$$

電圧 V の節点における KCL より

$$I + I_{R2} = I_L$$

図 5.6

となるので，代入して整理すると

$$V = \frac{j\omega L (R_2 + k)}{R_1 R_2 + j\omega L (R_1 + R_2 + k)} E$$

となり，$I = \dfrac{E - V}{R_1}$ に代入すれば先と同じ結果を得る。　　◇

5.3.2 理想変成器とジャイレータ

電圧と電流特性が

$$\begin{bmatrix} v_2 \\ i_2 \end{bmatrix} = \begin{bmatrix} n & 0 \\ 0 & -\dfrac{1}{n} \end{bmatrix} \begin{bmatrix} v_1 \\ i_1 \end{bmatrix} \tag{5.5}$$

で定義される素子を**理想変成器**（ideal transformer）

$$\begin{bmatrix} v_1 \\ v_2 \end{bmatrix} = \begin{bmatrix} 0 & -R \\ R & 0 \end{bmatrix} \begin{bmatrix} i_1 \\ i_2 \end{bmatrix} \tag{5.6}$$

で定義される素子を**ジャイレータ**（gyrator）と呼び，それぞれ図 **5.7**(a), (b) で表す．図 (a) と図 (b) の各端子の一端に付けられた ● 印[†] は，この端子から電流が流れ込むように電流の向きが付けられた場合，定義式 (5.5), (5.6) に含まれるパラメータ n, R を正とする符号である．

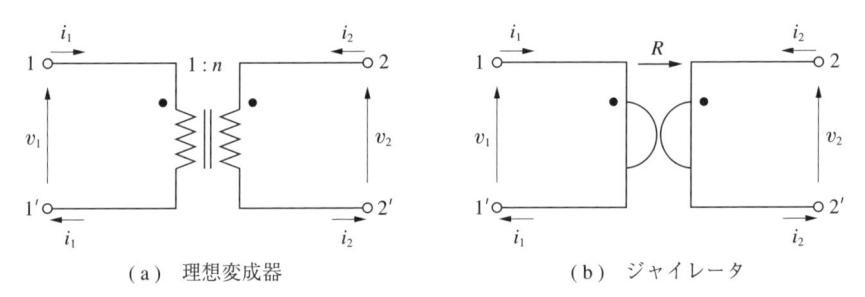

（a）理想変成器　　　　　（b）ジャイレータ

図 **5.7** 理想変成器およびジャイレータ

これら二つの素子は，**電力を消費しない素子**（lossless element）である．すなわち，式 (5.5), (5.6) より，これらの素子で消費される電力は

$$p(t) = v(t)\,i(t) = v_1(t)\,i_1(t) + v_2(t)\,i_2(t) = 0$$

となる．したがって，これらを抵抗素子と考えると特異な素子といえる．

また，ジャイレータは，式 (5.6) よりわかるように，相反性の性質をもたない素子である．

[†] 特に必要としない場合は ● 印を省略する．この場合は図 5.7 と同様に ● 印があるものと解釈してよい．

5.3 結合抵抗

例題 5.2 理想変成器を含む図 5.8 の回路に対し，電流 I を求めよ。

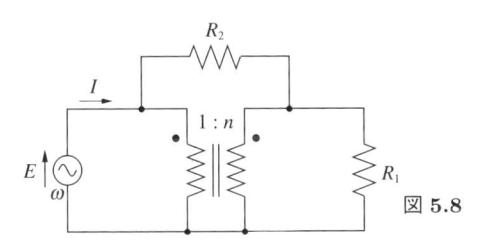

図 5.8

【解答】 節点解析を行うため，図 5.9 の基準節点 0 と節点電圧 V を仮定する。まず，理想変成器に関し式 (5.5) より

$$V = nE$$
$$I_2 = -\frac{1}{n} I_1$$

また，各枝電流は

$$I_{R1} = \frac{V}{R_1} = \frac{n}{R_1} E$$
$$I_{R2} = \frac{E-V}{R_2} = \frac{1-n}{R_2} E$$

電圧 V の節点における KCL より

$$I_{R2} = I_2 + I_{R1}$$

図 5.9

代入して整理すると

$$\frac{1-n}{R_2} E = -\frac{1}{n} I_1 + \frac{n}{R_1} E \quad \Rightarrow \quad I_1 = \left(\frac{n^2}{R_1} + \frac{n(n-1)}{R_2} \right) E$$

もう一方の電圧 E の節点における KCL より

$$I = I_1 + I_{R2}$$

代入して整理すると

$$I = \left(\frac{n^2}{R_1} + \frac{n(n-1)}{R_2} \right) E + \frac{1-n}{R_2} E$$
$$= \left(\frac{n^2}{R_1} + \frac{(n-1)^2}{R_2} \right) E$$

となる。　　　　　　　　　　　　　　　　　　　　　　　　　　　　　◇

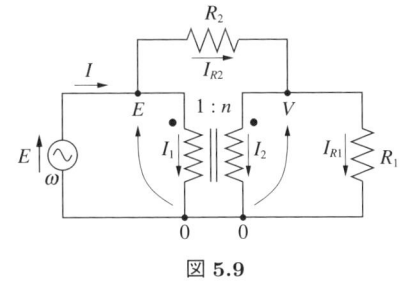

例題 5.3 理想ジャイレータの 2 次側にキャパシタを接続した図 5.10 の回路において，1 次側からみたインピーダンスを求めよ。

図 5.10

【解答】 図 5.11 のように定義通りの電圧と電流を仮定すると，式 (5.6) より
$$V_1 = -RI_2$$
$$V_2 = +RI_1$$
となる。

一方，キャパシタに流れる電流 I_C は
$$I_C = j\omega C V_2$$
であり
$$I_2 = -I_C$$
なので，代入すると
$$V_1 = -RI_2 = RI_C = Rj\omega C V_2 = Rj\omega C R I_1$$
$$= j\omega C R^2 I_1$$
となり，1 次側からみたインピーダンスは $j\omega C R^2$ と求まる。

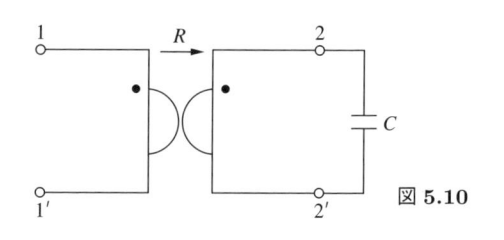

図 5.11

これは CR^2 を L とおけば
$$V_1 = j\omega L I_1$$
となり，インダクタの電圧・電流特性と同じになる。すなわち，**2 次側にキャパシタを接続したジャイレータは，1 次側からみればインダクタ特性をもつ回路素子にみえる**[†]。 ◇

[†] 最近，半導体技術の進歩によって，種々の回路が集積回路（IC, LSI）として組み込まれるようになった。しかし，集積回路内にコイルを用いてインダクタをつくることはきわめて困難であり，そのために，抵抗，キャパシタ，トランジスタを組み合わせて等価的にインダクタ特性をもつ素子を実現している。ジャイレータは，そのような際に用いられる回路素子である。

5.4 結合インダクタ

5.4.1 結合インダクタの特性

2.2.4 項に述べたように，導線（コイル）に電流が流れるとその周辺の空間に導線と鎖交する磁界が発生し，鎖交磁束が時間的に変化すると導線に電圧が誘導される。これをモデル化した素子がインダクタであった。導線の数が増えると，それぞれのコイルを流れる電流がつくる磁界が他のコイルと鎖交し，各コイルの鎖交磁束はこれら相互に生じた鎖交磁束の和となる。

そこで，図 5.12(a) に示す二つのコイルからなる **2 端子対結合インダクタ**（**相互結合インダクタ**）†を考えよう。各ポートにつながるそれぞれのコイルに流れる電流を i，鎖交する磁束を λ，コイルに誘起する電圧を v とする。

$$i = \begin{bmatrix} i_1 \\ i_2 \end{bmatrix}, \quad \lambda = \begin{bmatrix} \lambda_1 \\ \lambda_2 \end{bmatrix}, \quad v = \begin{bmatrix} v_1 \\ v_2 \end{bmatrix} \tag{5.7}$$

(a) 2 端子対結合インダクタ　　　　　　(b) ●印の約束

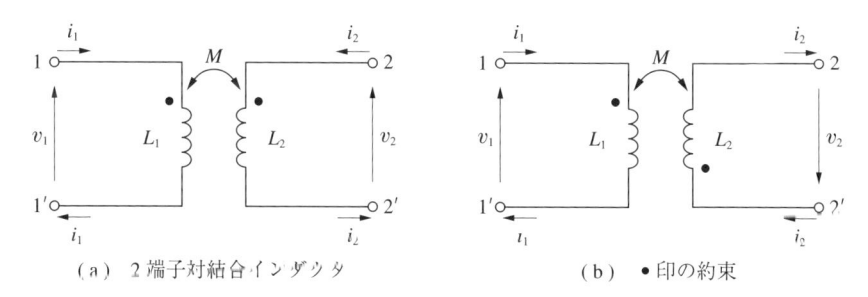

図 5.12　2 端子対結合インダクタおよび ● 印の約束

上で述べたように，各コイルの鎖交磁束について次式が成り立つ。

$$\lambda = L\,i \ : \ \begin{cases} \lambda_1 = L_1\,i_1 + M\,i_2 \\ \lambda_2 = M\,i_1 + L_2\,i_2 \end{cases} \tag{5.8}$$

また，コイルに誘導される電圧は次式となる。

---

† 単に**相互インダクタ**（mutual inductor）と呼ばれたり，相互誘導回路あるいは変成器とも呼ばれる。

$$v = \frac{d\lambda}{dt} \quad : \quad \begin{cases} v_1 = L_1 \dfrac{di_1}{dt} + M \dfrac{di_2}{dt} \\ v_2 = M \dfrac{di_1}{dt} + L_2 \dfrac{di_2}{dt} \end{cases} \tag{5.9}$$

ここに,インダクタンス行列 L は

$$L = \begin{bmatrix} L_{11} & L_{12} \\ L_{21} & L_{22} \end{bmatrix} = \begin{bmatrix} L_1 & M \\ M & L_2 \end{bmatrix} \tag{5.10}$$

とおいた.すなわち,インダクタの特性に相反性 $L_{12}=L_{21}=M$ を仮定し,$L_{11}=L_1$,$L_{22}=L_2$ と記した.L_1,L_2 は**自己インダクタンス**(self-inductance),M は**相互インダクタンス**(mutual inductance)と呼ばれている.

この2端子対結合インダクタに蓄えられる磁気的エネルギー w_m は

$$w_m = \frac{1}{2} L_1 i_1^2 + M i_1 i_2 + \frac{1}{2} L_2 i_2^2 \tag{5.11}$$

となる.この式が任意の電流 i_1,i_2 について0または正となる条件は

$$L_1 > 0, \quad L_2 > 0, \quad L_1 L_2 - M^2 \geq 0 \tag{5.12}$$

であり[†1],1端子対インダクタのインダクタンスが正という条件に対応する.

5.4.2 相互インダクタンスの符号

図 5.12(a) のコイルに付けられた ● 印[†2] は,コイルの巻かれた向きを示す印で,互いに ● 印を付けた端子から電流が流れ込むと仮定したとき,式 (5.9) が成り立つ.したがって,もし図 5.12(b) のように,コイル 2 に付けられた ● 印が逆の場合には,図に示したような電流 i_2 と電圧 v_2 の向きを仮定しなけ

[†1] 式 (5.12) の第3式は,$1 - \dfrac{M^2}{L_1 L_2} \geq 0$ と書ける.$k = \dfrac{M}{\sqrt{L_1 L_2}}$ とおくと,この式は $0 < k \leq 1$ となる.k を**コイルの結合係数**(coupling coefficient)といい,k が大きいほど磁気的結合が強いことを意味する.特に,$k=1$ の場合は密結合と呼ばれ,各コイルが発生する磁束がすべて互いに他のコイルと鎖交する.
また,条件 (5.12) を満たす行列 (5.10) は半正定値行列と呼ばれている.

[†2] 特に必要としない場合は,● 印を省略する.この場合は図 5.12(a) と同様に ● 印があるものと解釈してよい.

5.4 結合インダクタ

れば式 (5.9) は成り立たない．もし，図 5.12(b) において図 (a) と同じ向きの i_2, v_2 を仮定したとすると，仮定すべき本来の向きとは逆になるので，式 (5.9) の i_2, v_2 の符号を負にすればよい．この式を整理すると，相互インダクタンスの値が $-M$ の式となる．すなわち，片方のコイルの向きが逆の場合，相互インダクタンスの値を負にすれば，両コイルを同じ向きに揃えられる．

5.4.3 等価回路

式 (5.9) は，次式のように書き換えることができる．

$$\left. \begin{aligned} v_1 &= L_1 \frac{di_1}{dt} + M \frac{di_2}{dt} = (L_1-M)\frac{di_1}{dt} + M\frac{d(i_1+i_2)}{dt} \\ v_2 &= M \frac{di_1}{dt} + L_2 \frac{di_2}{dt} = (L_2-M)\frac{di_2}{dt} + M\frac{d(i_1+i_2)}{dt} \end{aligned} \right\} \quad (5.13)$$

したがって，図 **5.13**(a) に示すように，結合インダクタの点線部分が短絡されているか，あるいは短絡してもさしつかえのない場合には，図 (b) の回路と等価となる．

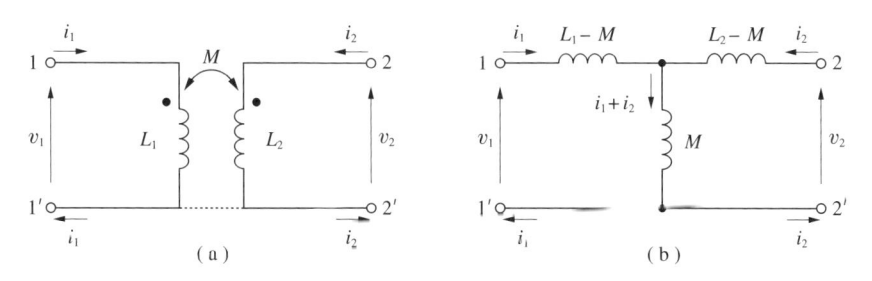

図 5.13 2端子対結合インダクタの等価回路

5.4.4 複素表現

これまで，瞬時値を用いて関係式を説明してきた．電圧と電流が正弦波の場合，複素数表示を用いてこれらの式を表現でき，式 (5.13) は次式となる．

$$\left. \begin{aligned} V_1 &= j\omega L_1 I_1 + j\omega M I_2 = j\omega(L_1-M)I_1 + j\omega M(I_1+I_2) \\ V_2 &= j\omega M I_1 + j\omega L_2 I_2 = j\omega(L_2-M)I_2 + j\omega M(I_1+I_2) \end{aligned} \right\} \quad (5.14)$$

例題 5.4 図 **5.14** と等価な結合インダクタを求めよ。

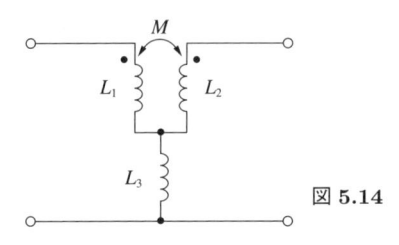

図 **5.14**

【解答】 図 **5.15** の I_1, I_2, V_1, V_2 を仮定すると

$$V_1 = j\omega L_1 I_1 + j\omega M I_2$$
$$V_2 = j\omega M I_1 + j\omega L_2 I_2$$

さらに，L_3 に流れる電流は $I_1 + I_2$ なので

$$V_3 = j\omega L_3 (I_1 + I_2)$$

したがって

$$V_a = V_1 + V_3$$
$$= j\omega(L_1 + L_3)I_1 + j\omega(M + L_3)I_2$$
$$V_b = V_2 + V_3$$
$$= j\omega(M + L_3)I_1 + j\omega(L_2 + L_3)I_2$$

となり，式 (5.14) との係数比較より，
等価な結合インダクタは図 **5.16** になる。

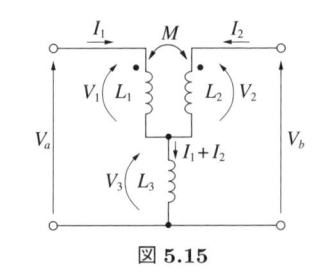

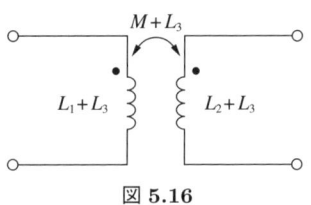

図 **5.15**

図 **5.16**

（別解） 図 5.13 の等価回路を利用すると，問題の回路は図 **5.17** 左図，そして右図と変形できるので，先と同様の等価な結合インダクタが求まる。 ◇

図 **5.17**

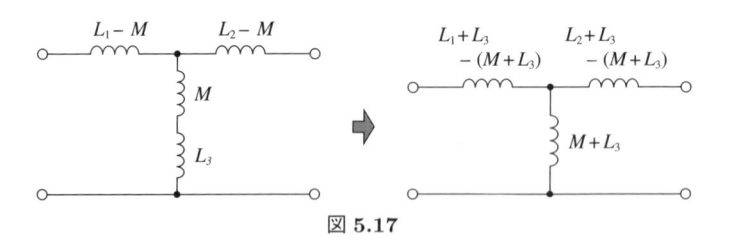

【課題 5.2】 1個のコイルの途中から端子を引き出した形のオートトランスと呼ばれる結合インダクタがある。どのようなものか調べてみよう。

例題 5.5 図 5.18 の結合インダクタを含む回路に対し，抵抗 R_2 を流れる電流 I_R を求めよ。

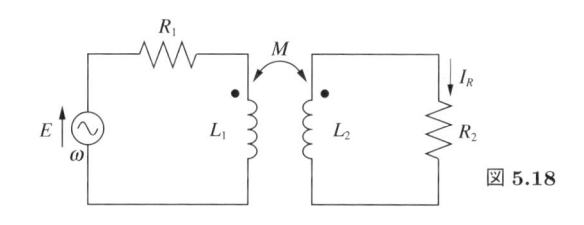

図 5.18

【解答】　まず，網目解析をしてみよう。図 5.19 のループ電流 I_1, I_2 を仮定すると，結合インダクタの各コイルには ● から流れ込む電流になるので，式 (5.14) がそのまま利用でき

$$V_{L1} = j\omega L_1 I_1 + j\omega M I_2$$
$$V_{L2} = j\omega M I_1 + j\omega L_2 I_2$$

また，各抵抗の電圧は

$$V_{R1} = R_1 I_1, \quad V_{R2} = R_2 I_2$$

となる。ループに沿った KVL より

$$V_{L1} + V_{R1} = E, \quad V_{L2} + V_{R2} = 0$$

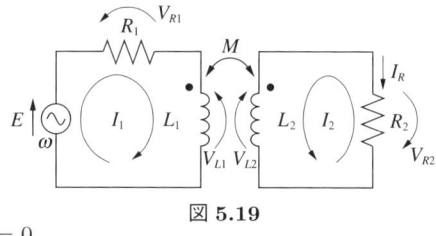

図 5.19

となるので，代入して整理すると

$$(R_1 + j\omega L_1) I_1 + j\omega M I_2 = E$$
$$j\omega M I_1 + (R_2 + j\omega L_2) I_2 = 0$$

これより

$$I_R = -I_2 = \frac{j\omega M}{(R_1 + j\omega L_1)(R_2 + j\omega L_2) + \omega^2 M^2} E$$

となる。

(別解)　次に，節点解析をしてみる。図 5.20 のように，基準節点 0 と節点電圧 V_1, V_2 を仮定すると，結合インダクタに対して式 (5.14) より

$$V_1 = j\omega L_1 I_{L1} + j\omega M I_{L2}$$
$$V_2 = j\omega M I_{L1} + j\omega L_2 I_{L2}$$

この式より I_{L1}, I_{L2} を求めると

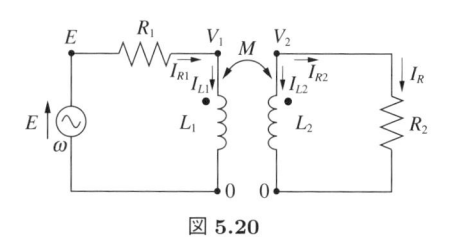

図 5.20

$$I_{L1} = \frac{L_2 V_1 - M V_2}{j\omega(L_1 L_2 - M^2)}, \quad I_{L2} = \frac{L_1 V_2 - M V_1}{j\omega(L_1 L_2 - M^2)}$$

また

$$I_{R1} = \frac{E - V_1}{R_1}, \quad I_{R2} = \frac{V_2}{R_2}$$

節点 V_1, V_2 における KCL より

$$I_{L1} - I_{R1} = 0$$
$$I_{L2} + I_{R2} = 0$$

となるので，代入して整理すると

$$R_1(L_2 V_1 - M V_2) - j\omega(L_1 L_2 - M^2)(E - V_1) = 0$$
$$R_2(L_1 V_2 - M V_1) + j\omega(L_1 L_2 - M^2) V_2 = 0$$

この連立方程式を V_2 について解くと

$$V_2 = \frac{j\omega M R_2}{R_1 R_2 - \omega^2(L_1 L_2 - M^2) + j\omega(R_1 L_2 + R_2 L_1)} E$$

となり，$I_R = V_2/R_2$ より先と同じ解を得る[†]。

(**別解**) 最後に，等価回路を用いて解いてみる。回路の結合インダクタの部分を等価回路に置き換えると図 **5.21** が得られる。網目解析のため，図のループ電流 I_1, I_2 を仮定すると，ループに沿った KVL より

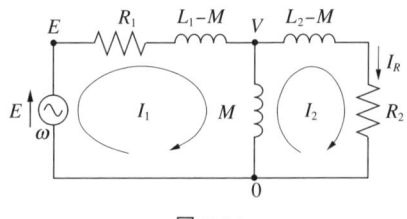

図 **5.21**

$$j\omega M(I_1 - I_2) + j\omega(L_1 - M) I_1 + R_1 I_1 = E$$
$$j\omega M(I_2 - I_1) + j\omega(L_2 - M) I_2 + R_2 I_2 = 0$$

となり，これを I_2 について解けばよい。

また，節点解析のため，図中の基準節点 0 と節点電圧 V を仮定し，各枝の電流による KCL を導くと

$$\frac{E - V}{R_1 + j\omega(L_1 - M)} = \frac{V}{j\omega M} + \frac{V}{j\omega(L_2 - M) + R_2}$$

となり，これを解き V を求めれば I_R が求まる。 ◇

[†] この節点解析と先の網目解析を比較すると，計算過程は網目解析のほうが簡単である。これは，結合インダクタの電圧・電流の関係式 (5.14) が "電流を独立変数とする表現" であり，電流を仮定して電圧を求め KVL で解くという網目解析に適した形になっているためである。

演 習 問 題

5.1 問図 5.1 に示す回路（$G_1 \sim G_3$ はコンダクタンス）の節点方程式を求めよ。

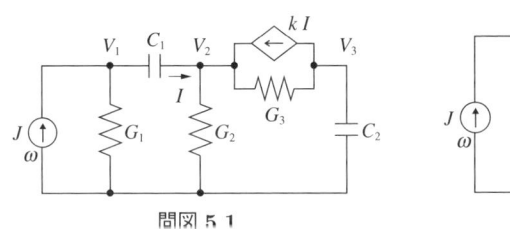

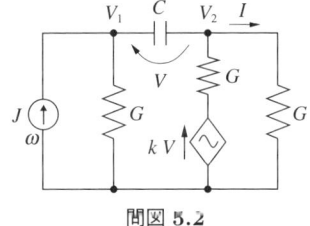

問図 5.1

問図 5.2

5.2 問図 5.2 に示す回路（G はコンダクタンス）の節点方程式を求め，電流 I を求めよ。また，$G = \omega C = 1$，$k = 2$ のとき，電源電流 J に対する電流 I の位相差を求めよ。

5.3 問図 5.3 に示す回路の抵抗 r に流れる電流，r における有効電力 P_e を求め，その有効電力が最大となる r の値を求めよ。

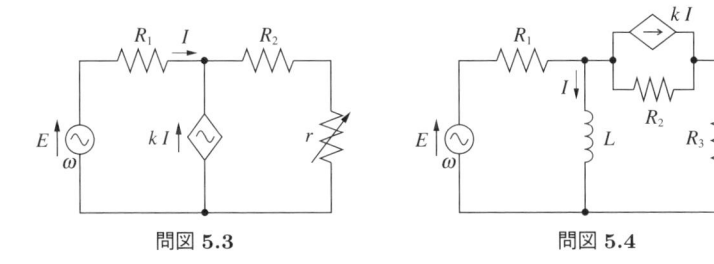

問図 5.3

問図 5.4

5.4 問図 5.4 に示す回路の電圧 V を求めよ。また，V が電源電圧 E と同相になるための k の値を求めよ。

5.5 問図 5.5 に示す回路の端子対 1-1′ からみたインピーダンスを求めよ。

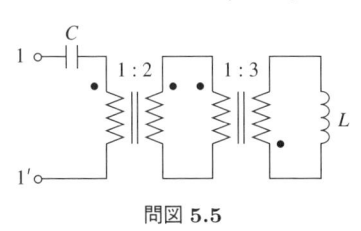

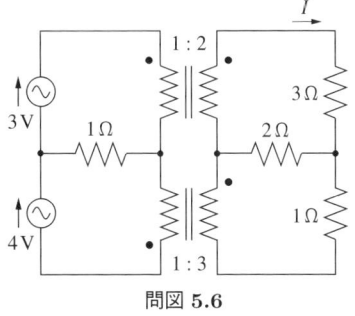

問図 5.5

問図 5.6

5.6 問図 5.6 に示す回路の電流 I を求めよ。

5.7 問図 5.7 に示す回路の電流 I を求めよ。また，$R_1 = R_2$ のとき，その電流 I はいくらになるか。

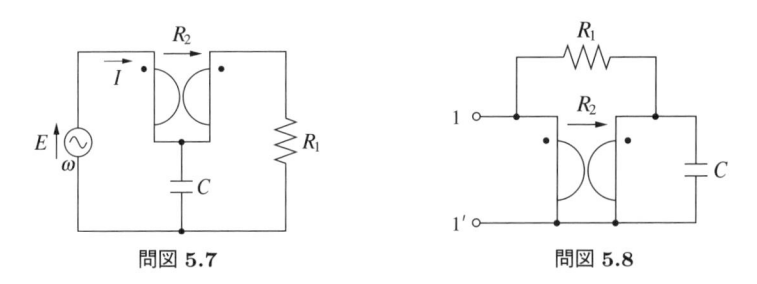

問図 5.7

問図 5.8

5.8 問図 5.8 に示す回路の端子対 1-1′ からみたインピーダンスを求めよ。

5.9 問図 5.9 に示す回路において，R の値にかかわらず電流 I が電圧 E と同相になるための条件を求めよ。

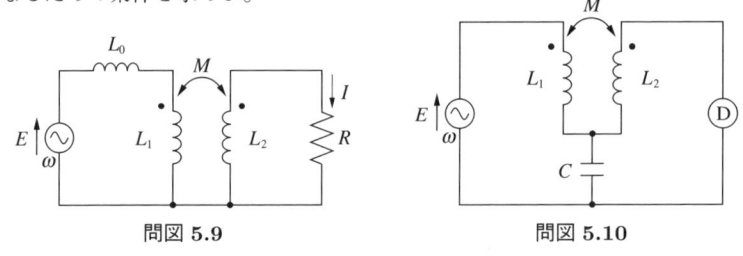

問図 5.9

問図 5.10

5.10 問図 5.10 に示すキャンベルブリッジ回路において，検出器 D の電流が 0 となる電源周波数 f_0 を求めよ。

5.11 問図 5.11 に示すケリーフォスターブリッジ回路の平衡条件を求めよ。

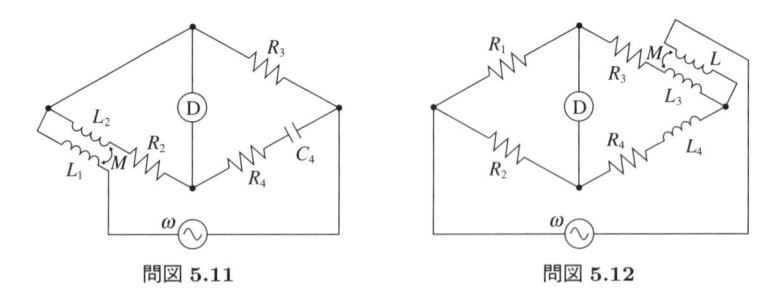

問図 5.11

問図 5.12

5.12 問図 5.12 に示すヘビサイドブリッジ回路の平衡条件を求めよ。

6

2端子対回路の特性行列と接続

6.1 はじめに

本章では，まず **2 端子対回路**（2 port）が独立電源を含まない線形時不変回路である場合，この回路の特性を行列で表現するいくつかの方法を述べる。

具体的には，端子対の電圧と電流の四つの変数

端子対 1-1′：電圧 V_1 と電流 I_1，　　端子対 2-2′：電圧 V_2 と電流 I_2

の間に成り立つ二つの関係式で 2 端子対回路の特性を定義する。この二つの関係式は上述の仮定から線形となる。したがって，4 変数のいずれか二つを独立変数に選べば，残り二つは従属変数となり，**表 6.1** に示す 6 種類の異なる特性の表現が得られる。

表 6.1

	独立変数	従属変数	特性行列
1	I_1, I_2	V_1, V_2	Z 行列
2	V_1, V_2	I_1, I_2	Y 行列
3	V_2, I_2	V_1, I_1	F 行列
4	I_1, V_2	V_1, I_2	H 行列
5	V_1, I_2	I_1, V_2	G 行列
6	V_1, I_1	V_2, I_2	

以下では，これらのうち代表的な最初の三つの表現を考える。また，これらの表現の相互変換についても考察する。ただし，理想変成器，ジャイレータ，制御電源を含む回路や，RLC 素子の接続状況によっては，これらすべての行列表現が存在するとは限らず，特定の表現しかできない場合もある。

次に，2 端子対回路を複数個組み合わせて構成した回路が，再び 2 端子対回路とみなせる場合，元の特性行列と合成後の 2 端子対回路の特性行列の間に成り立つ関係を求める。応用として，2 端子対回路を基本単位となる回路と考え，ブロックを組み立てるように大規模な回路を設計することが考えられる。この手法は，伝送回路や電子回路の設計に利用されている。

6.2 2端子対回路の特性行列

6.2.1 インピーダンス行列（Z 行列）

端子対 1-1' の電圧 V_1 と電流 I_1，端子対 2-2' の電圧 V_2 と電流 I_2 の関係が

$$\begin{bmatrix} V_1 \\ V_2 \end{bmatrix} = \begin{bmatrix} Z_{11} & Z_{12} \\ Z_{21} & Z_{22} \end{bmatrix} \begin{bmatrix} I_1 \\ I_2 \end{bmatrix} \tag{6.1}$$

で表現できるとき，右辺の係数行列

$$Z = \begin{bmatrix} Z_{11} & Z_{12} \\ Z_{21} & Z_{22} \end{bmatrix} \tag{6.2}$$

をインピーダンス行列（impedance matrix）または Z 行列といい，この 2 端子対回路を図 6.1 のように表現する。

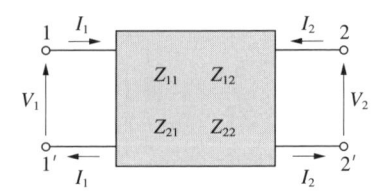

図 6.1 インピーダンス行列による 2 端子対回路の表現

また，行列の要素 Z_{11}, Z_{12}, Z_{21}, Z_{22} はインピーダンスパラメータ（Z パラメータ）と呼ばれ，次のような物理的な意味をもつ。

$$\left. \begin{aligned} Z_{11} &= \left. \frac{V_1}{I_1} \right|_{I_2=0} \quad : \text{開放駆動ポートインピーダンス} \\ Z_{12} &= \left. \frac{V_1}{I_2} \right|_{I_1=0} \quad : \text{開放伝達インピーダンス} \\ Z_{21} &= \left. \frac{V_2}{I_1} \right|_{I_2=0} \quad : \text{開放伝達インピーダンス} \\ Z_{22} &= \left. \frac{V_2}{I_2} \right|_{I_1=0} \quad : \text{開放駆動ポートインピーダンス} \end{aligned} \right\} \tag{6.3}$$

ここで，$Z_{11} = \left.\dfrac{V_1}{I_1}\right|_{I_2=0}$ とは，$I_2=0$ にした回路（すなわち端子対 2-2′ を開放した回路）において求めた $\dfrac{V_1}{I_1}$ により Z_{11} が定まるという意味である。他のパラメータも同様の解釈であり，これらの関係を図示すれば図 **6.2** のようになる[†1]。なお，パラメータの名前に付けられた"駆動ポート（driving port）"とは片側の端子対における電圧と電流の関係を意味する言葉であり，"伝達（transfer）"とは両側の端子対間にまたがる電圧と電流の関係を意味する言葉であることが図からわかる。

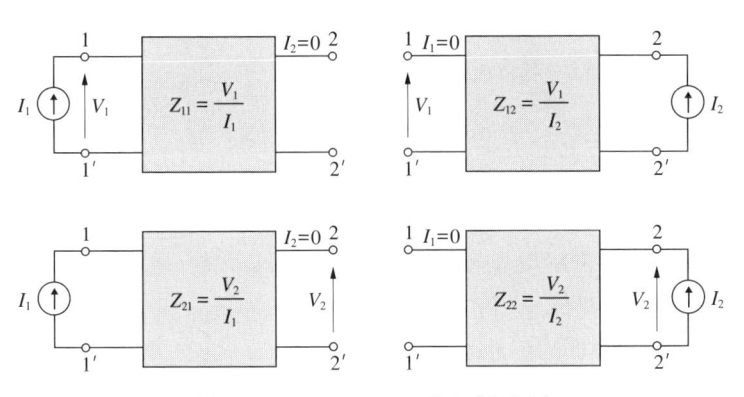

図 6.2 Z パラメータの意味（求め方）

さらに，相反性[†2] の性質をもつ回路や左右対称な回路に対しては

$$\text{相反性をもつ回路 : } Z_{12} = Z_{21} \tag{6.4}$$

$$\text{左右対称な回路 : } Z_{11} = Z_{22} \tag{6.5}$$

という性質をもつ。

【課題 6.1】 一般に左右対称な回路とはどのような回路か考えてみよう。

[†1] もちろん，回路の一般的な解法（網目解析など）により V_1, V_2 を I_1, I_2 で表現する式を導出し，その係数から各 Z パラメータを求めてもよい。

[†2] 相反性の定義は 103 ページを参照。一般に，抵抗・キャパシタ・インダクタしか含まない回路は相反性の性質をもつので，導出した特性行列が $Z_{12}=Z_{21}$ になっているかを検算するとよい。

例題 6.1 図 6.3 の 2 端子対回路のインピーダンス行列を求めよ（この形の回路を T 形回路と呼ぶ）。

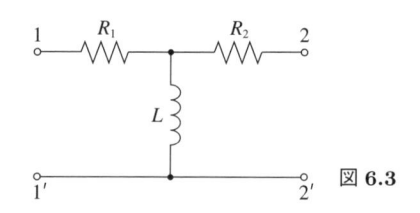

図 6.3

【解答】 図 6.4 のように，定義通りの方向にループ電流 I_1, I_2 を仮定し網目解析を行うと，ループに沿った KVL より

$$V_1 = V_{R1} + V_L = R_1 I_1 + j\omega L (I_1 + I_2)$$
$$V_2 = V_{R2} + V_L = R_2 I_2 + j\omega L (I_1 + I_2)$$

整理すると

$$V_1 = (R_1 + j\omega L) I_1 + j\omega L\, I_2$$
$$V_2 = j\omega L\, I_1 + (R_2 + j\omega L) I_2$$

となるので

$$Z = \begin{bmatrix} R_1 + j\omega L & j\omega L \\ j\omega L & R_2 + j\omega L \end{bmatrix}$$

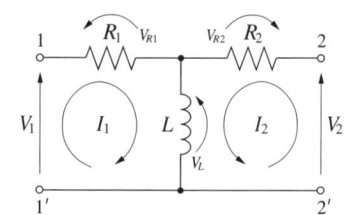

図 6.4

（別解） 図 6.5 のように，I_1 を仮定し $I_2 = 0$ とした回路では

$$V_1 = (R_1 + j\omega L) I_1, \quad V_2 = j\omega L\, I_1$$

となるので

$$Z_{11} = \left.\frac{V_1}{I_1}\right|_{I_2=0} = R_1 + j\omega L$$

$$Z_{21} = \left.\frac{V_2}{I_1}\right|_{I_2=0} = j\omega L$$

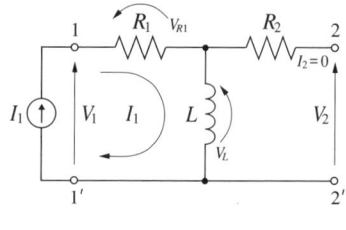

図 6.5

I_2 を仮定し $I_1 = 0$ とした回路（図 6.6）では

$$V_1 = j\omega L\, I_2, \quad V_2 = (R_2 + j\omega L) I_2$$

となるので

$$Z_{12} = \left.\frac{V_1}{I_2}\right|_{I_1=0} = j\omega L$$

$$Z_{22} = \left.\frac{V_2}{I_2}\right|_{I_1=0} = R_2 + j\omega L$$

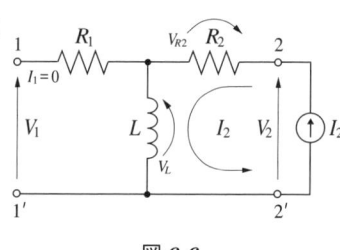

図 6.6

◇

例題 6.2 図 6.7 の 2 端子対回路のインピーダンス行列を求めよ（この形の回路を π 形回路と呼ぶ）。

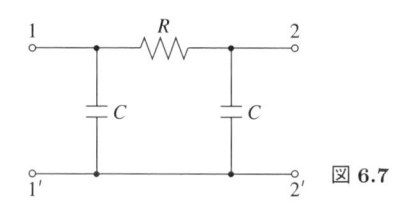

図 6.7

【解答】 図 6.8 のように I_1 を仮定し $I_2=0$ とした回路を考えると，端子 1-1' から見たインピーダンスは R, C 直列と C との並列回路になるので

$$V_1 = \frac{1}{\dfrac{1}{R+\dfrac{1}{j\omega C}}+j\omega C} I_1 = \frac{j\omega CR+1}{j\omega C(j\omega CR+2)} I_1$$

また，V_2 は V_1 の R, C による分圧なので

$$V_2 = \frac{\dfrac{1}{j\omega C}}{R+\dfrac{1}{j\omega C}} V_1 = \frac{1}{j\omega CR+1} V_1$$

$$= \frac{1}{j\omega C(j\omega CR+2)} I_1$$

これらの関係式より

$$Z_{11} = \left.\frac{V_1}{I_1}\right|_{I_2=0} = \frac{j\omega CR+1}{j\omega C(j\omega CR+2)}$$

$$Z_{21} = \left.\frac{V_2}{I_1}\right|_{I_2=0} = \frac{1}{j\omega C(j\omega CR+2)}$$

さらに，この回路は左右対称，かつ相反性の性質をもつので

$$Z_{12} = Z_{21}, \quad Z_{22} = Z_{11}$$

となる。

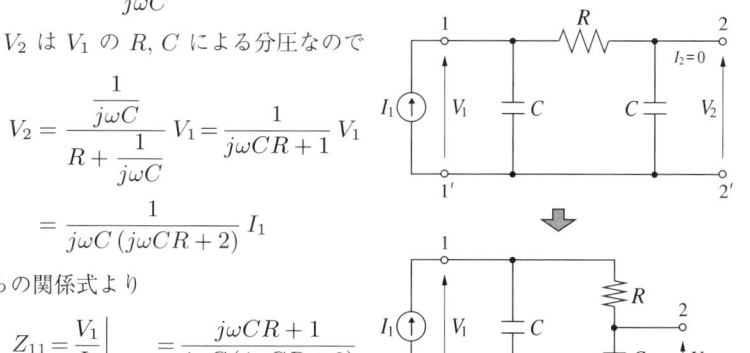

図 6.8

（別解） 図 6.9 のループ電流を仮定し，ループに沿った KVL より得られる網目方程式から I_3 を消去して整理すれば，同じインピーダンス行列が求まる。

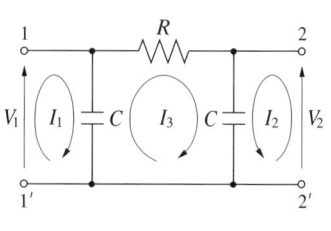

図 6.9

◇

6.2.2 アドミタンス行列（Y 行列）

端子対 1-1' の電圧 V_1 と電流 I_1，端子対 2-2' の電圧 V_2 と電流 I_2 の関係が

$$\begin{bmatrix} I_1 \\ I_2 \end{bmatrix} = \begin{bmatrix} Y_{11} & Y_{12} \\ Y_{21} & Y_{22} \end{bmatrix} \begin{bmatrix} V_1 \\ V_2 \end{bmatrix} \tag{6.6}$$

で表現できるとき，右辺の係数行列

$$Y = \begin{bmatrix} Y_{11} & Y_{12} \\ Y_{21} & Y_{22} \end{bmatrix} \tag{6.7}$$

をアドミタンス行列（admittance matrix）または Y 行列といい，この2端子対回路を図 **6.10** のように表現する。また，行列の要素 Y_{11}, Y_{12}, Y_{21}, Y_{22} はアドミタンスパラメータ（Y パラメータ）と呼ばれる。

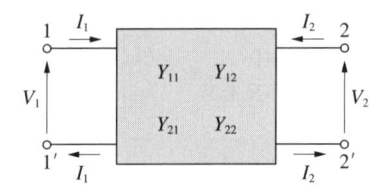

図 **6.10** アドミタンス行列による 2端子対回路の表現

【**課題 6.2**】 Y パラメータの物理的な意味と簡略的な求め方を調べよ〔式 (6.3)，図 6.2 に対応するもの〕。

【**課題 6.3**】 相反性の性質をもつ回路，左右対称な回路に対して，どのような関係が成り立つか調べよ〔式 (6.4), (6.5) に対応するもの〕。

【**課題 6.4**】 例題 6.1, 6.2 と同じ π 形回路と T 形回路のアドミタンス行列を求めよ。なお，求めた解が正しいかどうかは

$$\begin{bmatrix} Y_{11} & Y_{12} \\ Y_{21} & Y_{22} \end{bmatrix} = \begin{bmatrix} Z_{11} & Z_{12} \\ Z_{21} & Z_{22} \end{bmatrix}^{-1} \tag{6.8}$$

により検算できる。

6.2.3 4端子行列（F 行列）

6.2.1 項で述べた Z 行列は

I_1：端子 1 から流れ込む電流（入力）

I_2：端子 2 から流れ込む電流（入力）

を独立変数と考えた線形表現であった[†1]。ところで，2 端子対回路の入出力関係をみるには，端子対 1-1′ を入力側，端子対 2-2′ を出力側とした表現が便利なことが多い。そこで，図 **6.11** のように

V_1：端子対 1-1′ の電圧，　I_1：端子 1 から流れ込む電流（入力）

V_2：端子対 2-2′ の電圧，　I_2：**端子 2 へ流れ出す電流（出力）**[†2]

を仮定し，その入出力関係が

$$\begin{bmatrix} V_1 \\ I_1 \end{bmatrix} = \begin{bmatrix} A & B \\ C & D \end{bmatrix} \begin{bmatrix} V_2 \\ I_2 \end{bmatrix} \tag{6.9}$$

で表現できるとき，右辺の係数行列

$$F = \begin{bmatrix} A & B \\ C & D \end{bmatrix} \tag{6.10}$$

を **4 端子行列**（4-terminal matrix），F **行列**（fundamental matrix），または**縦続行列**（cascade connection matrix）という。

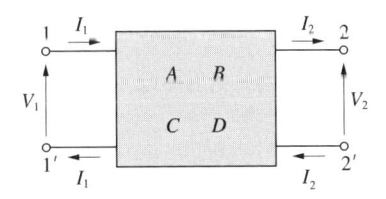

図 **6.11**　4 端子行列による 2 端子対回路の表現

[†1] 同様に 6.2.2 項の Y 行列は両端子対電圧 V_1, V_2 を独立変数と考えた線形表現となっている。

[†2] 電流 I_2 の向きが Z 行列や Y 行列とは逆なので，これらの行列と F 行列を同時に扱う際，あるいは特性行列の変換を行う際には注意が必要である。

F 行列の要素 A, B, C, D は **4 端子定数**（F パラメータ）と呼ばれ，次のような物理的な意味をもつ（図 **6.12**）。

$$\left. \begin{aligned} A &= \frac{V_1}{V_2}\bigg|_{I_2=0} &&: 開放電圧減衰率（伝達比, 利得）\\ B &= \frac{V_1}{I_2}\bigg|_{V_2=0} &&: 短絡伝達インピーダンス \\ C &= \frac{I_1}{V_2}\bigg|_{I_2=0} &&: 開放伝達アドミタンス \\ D &= \frac{I_1}{I_2}\bigg|_{V_2=0} &&: 短絡電流減衰率（伝達比, 利得） \end{aligned} \right\} \quad (6.11)$$

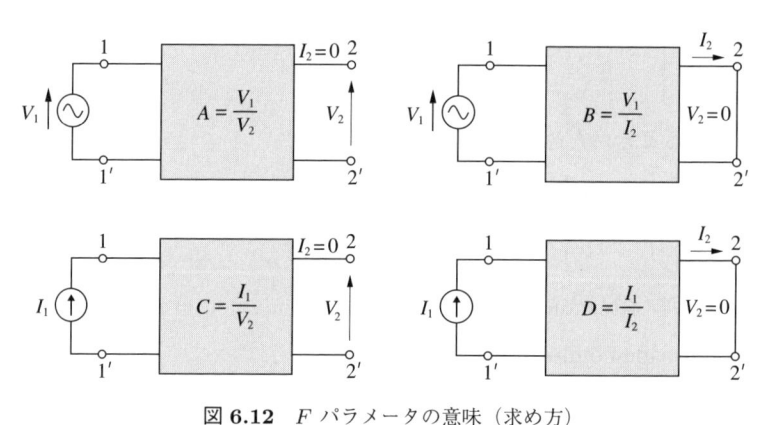

図 **6.12** F パラメータの意味（求め方）

また，相反性の性質をもつ回路に対しては

$$AD - BC = 1 \tag{6.12}$$

左右対称な回路に対しては

$$A = D \tag{6.13}$$

となる。

例題 6.3 図 6.13 の 2 端子対回路の 4 端子行列を求めよ（例題 6.1 と同じ T 形回路）。

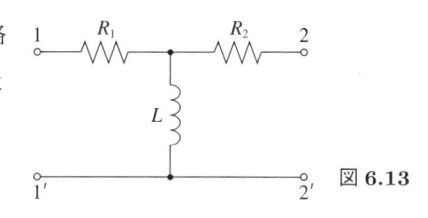

図 6.13

【解答】 端子対 2-2′ を開放し $I_2=0$ とした回路（図 6.14）において

$$V_1 = (R_1 + j\omega L) I_1$$
$$V_2 = j\omega L \, I_1$$

これより

$$A = \left.\frac{V_1}{V_2}\right|_{I_2=0} = \frac{R_1+j\omega L}{j\omega L} = 1+\frac{R_1}{j\omega L}$$

$$C = \left.\frac{I_1}{V_2}\right|_{I_2=0} = \frac{1}{j\omega L}$$

図 6.14

次に，端子対 2-2′ を短絡し $V_2=0$ とした回路（図 6.15）では

$$V_1 = \left(R_1 + \frac{R_2 \, j\omega L}{R_2 + j\omega L}\right) I_1$$

$$I_2 = \frac{j\omega L}{R_2 + j\omega L} I_1$$

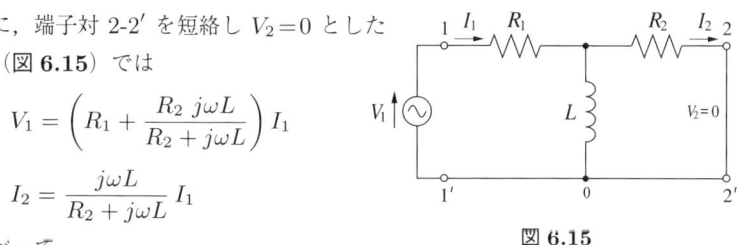

図 6.15

したがって

$$B = \left.\frac{V_1}{I_2}\right|_{V_2=0} = \left(R_1 + \frac{R_2 \, j\omega L}{R_2 + j\omega L}\right)\left(\frac{R_2 + j\omega L}{j\omega L}\right)$$

$$= \frac{R_1 R_2 + j\omega L R_1 + j\omega L R_2}{j\omega L} = R_1 + R_2 + \frac{R_1 R_2}{j\omega L}$$

$$D = \left.\frac{I_1}{I_2}\right|_{V_2=0} = \frac{R_2 + j\omega L}{j\omega L} = 1 + \frac{R_2}{j\omega L}$$

なお，この回路は相反性の性質をもつので

$$AD - BC = 1$$

になることを確かめておくとよい。 ◇

例題 6.4 図 6.16 の 2 端子対回路の 4 端子行列を求めよ（例題 6.2 と同じ π 形回路）。

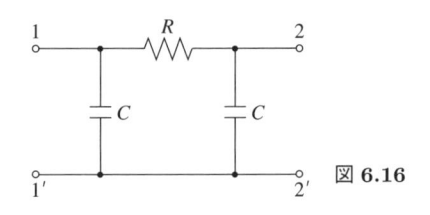

図 6.16

【解答】 端子対 2-2' を開放し $I_2 = 0$ とした回路（図 6.17）を考えると，端子 1-1' からみたインピーダンスは R, C 直列と C との並列回路になるので

$$V_1 = \frac{\left(R + \dfrac{1}{j\omega C}\right)\dfrac{1}{j\omega C}}{\left(R + \dfrac{1}{j\omega C}\right) + \dfrac{1}{j\omega C}} I_1 = \frac{j\omega C R + 1}{j\omega C(j\omega C R + 2)} I_1$$

また V_2 は V_1 の R, C による分圧なので

$$V_2 = \frac{\dfrac{1}{j\omega C}}{R + \dfrac{1}{j\omega C}} V_1 = \frac{1}{j\omega C R + 1} V_1$$

したがって

$$A = \left.\frac{V_1}{V_2}\right|_{I_2=0} = j\omega C R + 1$$

$$C = \left.\frac{I_1}{V_2}\right|_{I_2=0} = j\omega C(j\omega C R + 2)$$

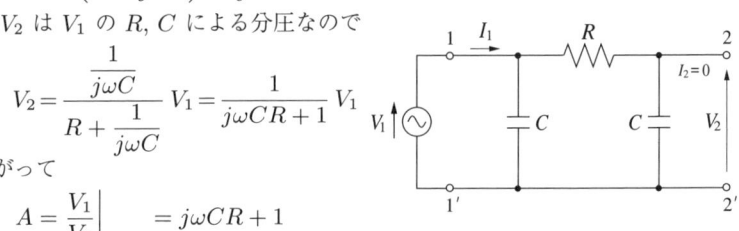

図 6.17

次に，端子対 2-2' を短絡し $V_2 = 0$ とした回路（図 6.18）では

$$V_1 = \frac{R \dfrac{1}{j\omega C}}{R + \dfrac{1}{j\omega C}} I_1 = \frac{R}{j\omega C R + 1} I_1$$

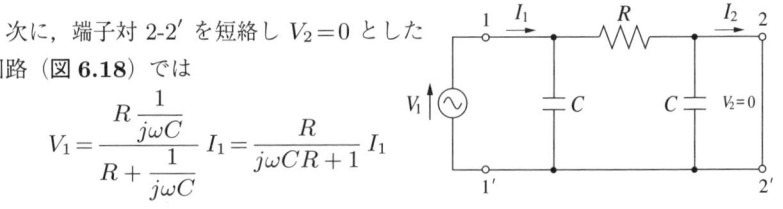

$$V_1 = R I_2$$

これより

$$B = \left.\frac{V_1}{I_2}\right|_{V_2=0} = R$$

$$D = \left.\frac{I_1}{I_2}\right|_{V_2=0} = j\omega C R + 1$$

図 6.18

$$\begin{pmatrix} \text{左右対称} & A = D \\ \text{相反性} & AD - BC = 1 \end{pmatrix}$$

◇

6.2.4 特性行列の相互変換

本節で紹介した 2 端子対回路を表現する Z 行列，Y 行列，F 行列[†] は互いに変換でき，その関係は表 **6.2** のようになる。

表 6.2 2 端子対回路の各パラメータの相互変換

	$Z\ (\overrightarrow{I_1},\ \overleftarrow{I_2})$	$Y\ (\overrightarrow{I_1},\ \overleftarrow{I_2})$	$F\ (\overrightarrow{I_1},\ \overrightarrow{I_2})$
Z	$\begin{bmatrix} Z_{11} & Z_{12} \\ Z_{21} & Z_{22} \end{bmatrix}$	$\dfrac{1}{\|Y\|}\begin{bmatrix} Y_{22} & -Y_{12} \\ -Y_{21} & Y_{11} \end{bmatrix}$	$\dfrac{1}{C}\begin{bmatrix} A & \|F\| \\ 1 & D \end{bmatrix}$
Y	$\dfrac{1}{\|Z\|}\begin{bmatrix} Z_{22} & -Z_{12} \\ -Z_{21} & Z_{11} \end{bmatrix}$	$\begin{bmatrix} Y_{11} & Y_{12} \\ Y_{21} & Y_{22} \end{bmatrix}$	$\dfrac{1}{B}\begin{bmatrix} D & -\|F\| \\ -1 & A \end{bmatrix}$
F	$\dfrac{1}{Z_{21}}\begin{bmatrix} Z_{11} & \|Z\| \\ 1 & Z_{22} \end{bmatrix}$	$\dfrac{-1}{Y_{21}}\begin{bmatrix} Y_{22} & 1 \\ \|Y\| & Y_{11} \end{bmatrix}$	$\begin{bmatrix} A & B \\ C & D \end{bmatrix}$
	$\|Z\|=Z_{11}Z_{22}-Z_{12}Z_{21}$	$\|Y\|=Y_{11}Y_{22}-Y_{12}Y_{21}$	$\|F\|=AD-BC$
相反性	$Z_{12}=Z_{21}$	$Y_{12}=Y_{21}$	$AD-BC=1$
左右対称	$Z_{11}=Z_{22}$	$Y_{11}=Y_{22}$	$A=D$

【**課題 6.5**】 表 6.2 の相互変換の関係式を導出せよ。

【**課題 6.6**】 例題 6.1 と 6.3，例題 6.2 と 6.4 の解の間に，表 6.2 のパラメータ変換関係が成り立つことを確認せよ。

[†] $Z,\ Y,\ F$ 行列以外にも，2 端子対回路を表現する行列として

H 行列：$\begin{bmatrix} V_1 \\ I_2 \end{bmatrix} = \begin{bmatrix} H_{11} & H_{12} \\ H_{21} & H_{22} \end{bmatrix} \begin{bmatrix} I_1 \\ V_2 \end{bmatrix}$，　G 行列：$\begin{bmatrix} I_1 \\ V_2 \end{bmatrix} = \begin{bmatrix} G_{11} & G_{12} \\ G_{21} & G_{22} \end{bmatrix} \begin{bmatrix} V_1 \\ I_2 \end{bmatrix}$

があり，特に H パラメータはトランジスタの特性を表現するのに用いられる。

6.3 2端子対回路の接続

規模の大きい回路は,いくつかの回路を組み合わせ接続して構成するのが一般的であり,2端子対回路の理論はそのために発展したといえる。そこで本節では,2端子対回路の接続方法をいくつか紹介し,合成回路を表現する行列の求め方について説明する。

6.3.1 縦続接続(F 行列)

最も応用範囲が広く重要と考えられる接続方法は,図 **6.19** に示す**縦続接続**(cascade connection)である。これは,回路 N_1 の出力端子対を,回路 N_2 の入力端子対に接続した形であり,N_1, N_2 の4端子行列をおのおの

$$N_1 : \begin{bmatrix} V_1 \\ I_1 \end{bmatrix} = \begin{bmatrix} A_1 & B_1 \\ C_1 & D_1 \end{bmatrix} \begin{bmatrix} V_2 \\ I_2 \end{bmatrix}$$

$$N_2 : \begin{bmatrix} V_2 \\ I_2 \end{bmatrix} = \begin{bmatrix} A_2 & B_2 \\ C_2 & D_2 \end{bmatrix} \begin{bmatrix} V_3 \\ I_3 \end{bmatrix}$$

とすると,縦続接続によって得られる合成2端子対回路の入出力関係,すなわち V_1, I_1 と V_3, I_3 の関係は

$$\begin{bmatrix} V_1 \\ I_1 \end{bmatrix} = \begin{bmatrix} A_1 & B_1 \\ C_1 & D_1 \end{bmatrix} \begin{bmatrix} A_2 & B_2 \\ C_2 & D_2 \end{bmatrix} \begin{bmatrix} V_3 \\ I_3 \end{bmatrix} \tag{6.14}$$

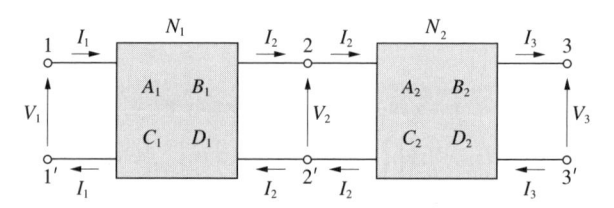

図 **6.19** 2端子対回路の縦続接続

となり，合成2端子対回路の4端子行列として

$$\begin{bmatrix} A & B \\ C & D \end{bmatrix} = \begin{bmatrix} A_1 & B_1 \\ C_1 & D_1 \end{bmatrix} \begin{bmatrix} A_2 & B_2 \\ C_2 & D_2 \end{bmatrix} \tag{6.15}$$

$$= \begin{bmatrix} A_1 A_2 + B_1 C_2 & A_1 B_2 + B_1 D_2 \\ C_1 A_2 + D_1 C_2 & C_1 B_2 + D_1 D_2 \end{bmatrix} \tag{6.16}$$

が得られる。

一般に，図 **6.20** のように N_1, N_2, $\cdots$, N_n の n 個の2端子対回路を縦続接続して得られる合成2端子対回路の4端子行列は，式 (6.15) と同様に個々の4端子行列を順次掛け合わせて得られ

$$\begin{bmatrix} A & B \\ C & D \end{bmatrix} = \begin{bmatrix} A_1 & B_1 \\ C_1 & D_1 \end{bmatrix} \begin{bmatrix} A_2 & B_2 \\ C_2 & D_2 \end{bmatrix} \cdots \begin{bmatrix} A_n & B_n \\ C_n & D_n \end{bmatrix} \tag{6.17}$$

となる。

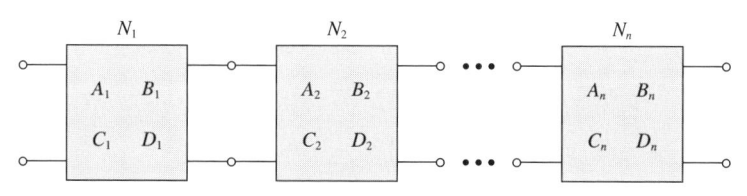

図 **6.20** n 個の2端子対回路の縦続接続

この考え方を用いれば，複雑な回路に対する4端子行列を，基本的な2端子対回路の4端子行列の掛け算で求められる[†]。

[†] この考え方は，あくまでも4端子行列（F 行列）に対してのみ通用するものである。したがって，求めたい行列や与えられた行列が Z 行列や Y 行列の場合には，前節に述べた"パラメータ変換"を用いる必要がある。
　なお，4端子行列が別名"縦続行列"と呼ばれる理由は，この縦続接続という概念に起因している。また，同じ4端子行列をもつ2端子対回路を縦続接続して得られる回路は"繰返し回路"とも呼ばれている。

例題 6.5 図 6.21 (a), (b) の基本的な 2 端子対回路の 4 端子行列を求めよ。

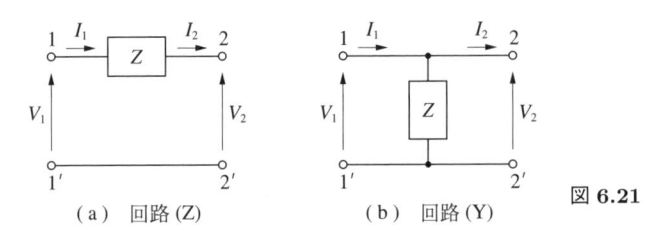

図 6.21

【解答】
回路 (**Z**)

$I_2=0$（端子対 2-2′ を開放）のとき，$V_1=V_2$, $I_1=0$ なので

$$A = \left.\frac{V_1}{V_2}\right|_{I_2=0} = 1, \qquad C = \left.\frac{I_1}{V_2}\right|_{I_2=0} = 0$$

$V_2=0$（端子対 2-2′ を短絡）のとき，$V_1=ZI_1$, $I_1=I_2$ なので

$$B = \left.\frac{V_1}{I_2}\right|_{V_2=0} = Z, \qquad D = \left.\frac{I_1}{I_2}\right|_{V_2=0} = 1$$

したがって

$$\begin{bmatrix} A & B \\ C & D \end{bmatrix} = \begin{bmatrix} 1 & Z \\ 0 & 1 \end{bmatrix} \tag{6.18}$$

（注）図 6.22 のように，インピーダンス Z が端子 1-2 間ではなく 1′-2′ 間に存在している場合でも，同じ議論から同じ 4 端子行列が得られる。

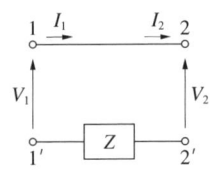

図 6.22

回路 (**Y**)

$I_2=0$（端子対 2-2′ を開放）のとき，$V_1=V_2$, $V_2=ZI_1$
$V_2=0$（端子対 2-2′ を短絡）のとき，$V_1=0$, $I_1=I_2$
したがって

$$\begin{bmatrix} A & B \\ C & D \end{bmatrix} = \begin{bmatrix} 1 & 0 \\ \dfrac{1}{Z} & 1 \end{bmatrix} = \begin{bmatrix} 1 & 0 \\ Y & 1 \end{bmatrix} \tag{6.19}$$

◇

例題 6.6 図 6.23 の 2 端子対回路の 4 端子行列を，基本的な 2 端子対回路の縦続接続を用いて求めよ（例題 6.3 と同じ T 形回路）。

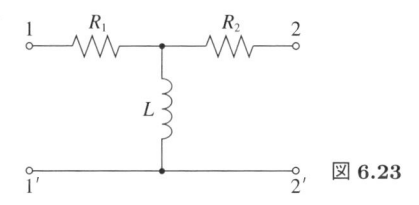

図 6.23

【解答】 この回路は図 6.24 のように，三つの基本的な 2 端子対回路の縦続接続と考えられる。おのおのの 2 端子対回路 N_1, N_2, N_3 は，例題 6.5 の回路 (Z), (Y), (Z) の形をしているので，各 4 端子行列は

$$N_1 : \begin{bmatrix} 1 & Z \\ 0 & 1 \end{bmatrix} = \begin{bmatrix} 1 & R_1 \\ 0 & 1 \end{bmatrix}$$

$$N_2 : \begin{bmatrix} 1 & 0 \\ Y & 1 \end{bmatrix} = \begin{bmatrix} 1 & 0 \\ \dfrac{1}{j\omega L} & 1 \end{bmatrix}$$

$$N_3 : \begin{bmatrix} 1 & Z \\ 0 & 1 \end{bmatrix} = \begin{bmatrix} 1 & R_2 \\ 0 & 1 \end{bmatrix}$$

図 6.24

したがって，回路全体の 4 端子行列は

$$\begin{bmatrix} A & B \\ C & D \end{bmatrix} = \begin{bmatrix} 1 & R_1 \\ 0 & 1 \end{bmatrix} \begin{bmatrix} 1 & 0 \\ \dfrac{1}{j\omega L} & 1 \end{bmatrix} \begin{bmatrix} 1 & R_2 \\ 0 & 1 \end{bmatrix}$$

$$= \begin{bmatrix} 1 + \dfrac{R_1}{j\omega L} & R_1 \\ \dfrac{1}{j\omega L} & 1 \end{bmatrix} \begin{bmatrix} 1 & R_2 \\ 0 & 1 \end{bmatrix}$$

$$= \begin{bmatrix} 1 + \dfrac{R_1}{j\omega L} & R_1 + R_2 + \dfrac{R_1 R_2}{j\omega L} \\ \dfrac{1}{j\omega L} & 1 + \dfrac{R_2}{j\omega L} \end{bmatrix}$$

となり，例題 6.3 と一致する。　　　　　　　　　　　　　◇

【課題 6.7】 例題 6.4 の 4 端子行列を縦続接続を用いて求めてみよう。

例題 6.7 結合インダクタ，理想変成器，ジャイレータの 4 端子行列を求めよ．これらの回路素子も縦続接続の基本回路として用いられる．

【解答】 図 **6.25** (a)〜(c) 参照．

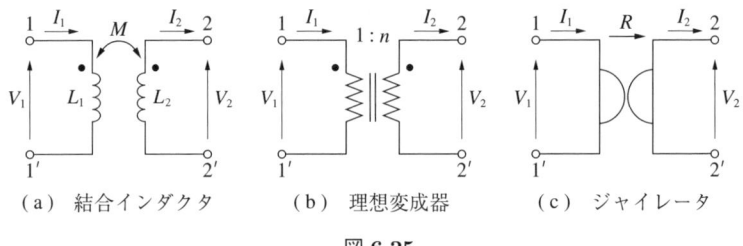

(a) 結合インダクタ　　(b) 理想変成器　　(c) ジャイレータ

図 **6.25**

● 結合インダクタ〔図 (a)〕：式 (5.14) において電流 I_2 の向きを考慮すると
$$V_1 = j\omega L_1 I_1 - j\omega M I_2, \quad V_2 = j\omega M I_1 - j\omega L_2 I_2$$
第 2 式より
$$I_1 = \frac{1}{j\omega M} V_2 + \frac{L_2}{M} I_2$$
これを第 1 式に代入し整理すれば
$$V_1 = \frac{L_1}{M} V_2 + \frac{j\omega (L_1 L_2 - M^2)}{M} I_2$$
となるので
$$A = \frac{L_1}{M}, \quad B = \frac{j\omega (L_1 L_2 - M^2)}{M}, \quad C = \frac{1}{j\omega M}, \quad D = \frac{L_2}{M} \quad (6.20)$$

● 理想変成器〔図 (b)〕：式 (5.5) において電流 I_2 の向きを考慮すると
$$V_2 = n V_1, \quad I_2 = \frac{1}{n} I_1 \quad \Rightarrow \quad V_1 = \frac{1}{n} V_2, \quad I_1 = n I_2$$
これより
$$A = \frac{1}{n}, \quad B = 0, \quad C = 0, \quad D = n \quad (6.21)$$

● ジャイレータ〔図 (c)〕：式 (5.6) において電流 I_2 の向きを考慮すると
$$V_1 = R I_2, \quad V_2 = R I_1 \quad \Rightarrow \quad V_1 = R I_2, \quad I_1 = \frac{1}{R} V_2$$
これより
$$A = 0, \quad B = R, \quad C = \frac{1}{R}, \quad D = 0 \quad (6.22)$$

◇

例題 6.8 図 6.26 (a), (b) の両回路が等価になるためには Z_2, Y_2 はどのような値になればよいか。ただし，Y_1, Y_2 はアドミタンスである。

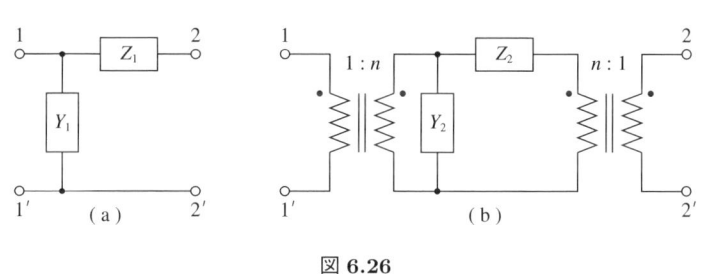

図 6.26

【解答】 両回路の 4 端子行列を縦続接続を用いて求め，その各パラメータが一致する条件を求める。まず，回路 (a) の 4 端子行列は

$$\begin{bmatrix} A & B \\ C & D \end{bmatrix} = \begin{bmatrix} 1 & 0 \\ Y_1 & 1 \end{bmatrix} \begin{bmatrix} 1 & Z_1 \\ 0 & 1 \end{bmatrix} = \begin{bmatrix} 1 & Z_1 \\ Y_1 & Y_1 Z_1 + 1 \end{bmatrix}$$

次に，回路 (b) の 4 端子行列は

$$\begin{bmatrix} A & B \\ C & D \end{bmatrix} = \begin{bmatrix} \dfrac{1}{n} & 0 \\ 0 & n \end{bmatrix} \begin{bmatrix} 1 & 0 \\ Y_2 & 1 \end{bmatrix} \begin{bmatrix} 1 & Z_2 \\ 0 & 1 \end{bmatrix} \begin{bmatrix} n & 0 \\ 0 & \dfrac{1}{n} \end{bmatrix}$$

$$= \begin{bmatrix} \dfrac{1}{n} & 0 \\ nY_2 & n \end{bmatrix} \begin{bmatrix} 1 & Z_2 \\ 0 & 1 \end{bmatrix} \begin{bmatrix} n & 0 \\ 0 & \dfrac{1}{n} \end{bmatrix}$$

$$= \begin{bmatrix} \dfrac{1}{n} & \dfrac{Z_2}{n} \\ nY_2 & nY_2 Z_2 + n \end{bmatrix} \begin{bmatrix} n & 0 \\ 0 & \dfrac{1}{n} \end{bmatrix}$$

$$= \begin{bmatrix} 1 & \dfrac{Z_2}{n^2} \\ n^2 Y_2 & Y_2 Z_2 + 1 \end{bmatrix}$$

となるので，両者の 4 端子行列の係数比較より

$$Z_2 = n^2 Z_1, \quad Y_2 = \frac{Y_1}{n^2}$$

が等価になるための条件となる。 ◇

6.3.2 直列接続（Z 行列）

図 **6.27** のような接続方法を**直列接続**と呼ぶ。これは，回路 N' の $1', 2'$ 端子を回路 N'' の $1, 2$ 端子におのおの接続し，二つの回路に同じ電流（$1\text{-}1' : I_1$, $2\text{-}2' : I_2$）が流れるように接続したものである。

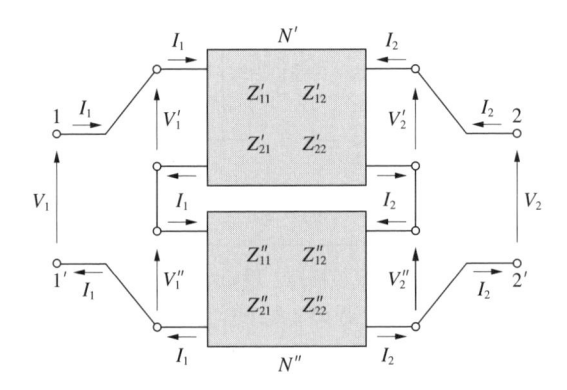

図 6.27 2 端子対回路の直列接続

したがって，N', N'' のインピーダンス行列をおのおの

$$N' : \begin{bmatrix} V_1' \\ V_2' \end{bmatrix} = \begin{bmatrix} Z_{11}' & Z_{12}' \\ Z_{21}' & Z_{22}' \end{bmatrix} \begin{bmatrix} I_1 \\ I_2 \end{bmatrix}$$

$$N'' : \begin{bmatrix} V_1'' \\ V_2'' \end{bmatrix} = \begin{bmatrix} Z_{11}'' & Z_{12}'' \\ Z_{21}'' & Z_{22}'' \end{bmatrix} \begin{bmatrix} I_1 \\ I_2 \end{bmatrix}$$

とすると，直列接続によって得られる合成 2 端子対回路の入出力関係は

$$\begin{bmatrix} V_1 \\ V_2 \end{bmatrix} = \begin{bmatrix} V_1' + V_1'' \\ V_2' + V_2'' \end{bmatrix}$$

$$= \begin{bmatrix} Z_{11}' + Z_{11}'' & Z_{12}' + Z_{12}'' \\ Z_{21}' + Z_{21}'' & Z_{22}' + Z_{22}'' \end{bmatrix} \begin{bmatrix} I_1 \\ I_2 \end{bmatrix} \quad (6.23)$$

となる。

例題 6.9 図 **6.28** の 2 端子対回路のインピーダンス行列を，直列接続を用いて求めよ。

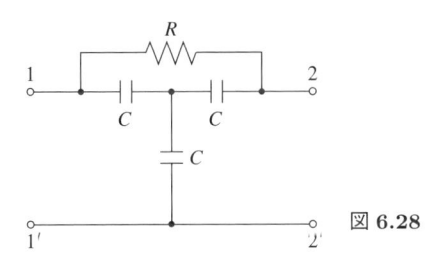

図 **6.28**

【解答】 この回路は図 **6.29** のような N', N'' の直列接続と考えられる。N' の回路は例題 6.2 と同じ回路なので，インピーダンス行列は

$$\begin{bmatrix} \dfrac{j\omega CR+1}{j\omega C(j\omega CR+2)} & \dfrac{1}{j\omega C(j\omega CR+2)} \\ \dfrac{1}{j\omega C(j\omega CR+2)} & \dfrac{j\omega CR+1}{j\omega C(j\omega CR+2)} \end{bmatrix}$$

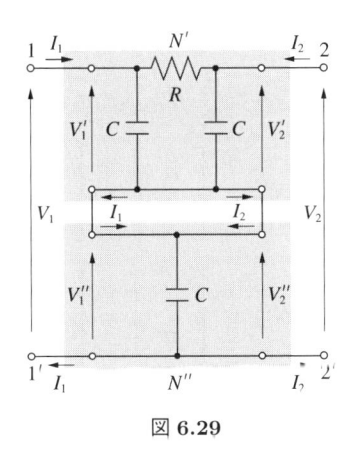

N'' の回路では

$$V_1'' = V_2'' = \dfrac{1}{j\omega C}(I_1 + I_2)$$

なので，インピーダンス行列は

$$\begin{bmatrix} V_1'' \\ V_2'' \end{bmatrix} = \begin{bmatrix} \dfrac{1}{j\omega C} & \dfrac{1}{j\omega C} \\ \dfrac{1}{j\omega C} & \dfrac{1}{j\omega C} \end{bmatrix} \begin{bmatrix} I_1 \\ I_2 \end{bmatrix}$$

図 **6.29**

したがって，この回路全体のインピーダンス行列は

$$\begin{bmatrix} Z_{11} & Z_{12} \\ Z_{21} & Z_{22} \end{bmatrix} = \begin{bmatrix} \dfrac{2j\omega CR+3}{j\omega C(j\omega CR+2)} & \dfrac{j\omega CR+3}{j\omega C(j\omega CR+2)} \\ \dfrac{j\omega CR+3}{j\omega C(j\omega CR+2)} & \dfrac{2j\omega CR+3}{j\omega C(j\omega CR+2)} \end{bmatrix}$$

となる。 ◇

【課題 6.8】 例題 6.1 のインピーダンス行列も直列接続を用いて求められる。上記例題と同様の考え方で解を求め，例題 6.1 と一致することを確かめよ。

6.3.3 並列接続（Y 行列）

図 **6.30** のような接続方法を**並列接続**と呼ぶ。これは，二つの回路の端子対間電圧が同じ（$1\text{-}1' : V_1$，$2\text{-}2' : V_2$）になるように接続したものである。

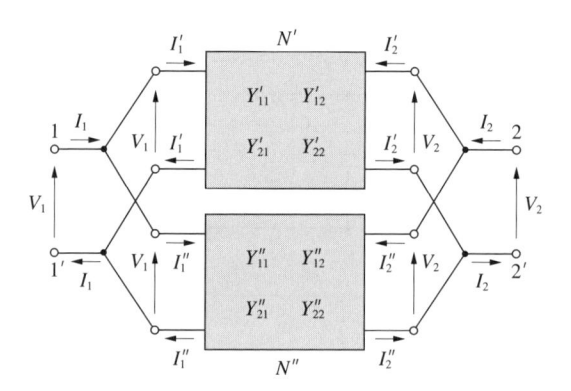

図 6.30 2 端子対回路の並列接続

したがって，N'，N'' のアドミタンス行列をおのおの

$$N' : \begin{bmatrix} I'_1 \\ I'_2 \end{bmatrix} = \begin{bmatrix} Y'_{11} & Y'_{12} \\ Y'_{21} & Y'_{22} \end{bmatrix} \begin{bmatrix} V_1 \\ V_2 \end{bmatrix}$$

$$N'' : \begin{bmatrix} I''_1 \\ I''_2 \end{bmatrix} = \begin{bmatrix} Y''_{11} & Y''_{12} \\ Y''_{21} & Y''_{22} \end{bmatrix} \begin{bmatrix} V_1 \\ V_2 \end{bmatrix}$$

とすると，並列接続によって得られる合成 2 端子対回路の入出力関係は

$$\begin{bmatrix} I_1 \\ I_2 \end{bmatrix} = \begin{bmatrix} I'_1 + I''_1 \\ I'_2 + I''_2 \end{bmatrix}$$

$$= \begin{bmatrix} Y'_{11} + Y''_{11} & Y'_{12} + Y''_{12} \\ Y'_{21} + Y''_{21} & Y'_{22} + Y''_{22} \end{bmatrix} \begin{bmatrix} V_1 \\ V_2 \end{bmatrix} \tag{6.24}$$

となる。

例題 6.10 図 6.31 の 2 端子対回路のアドミタンス行列を，並列接続を用いて求めよ。

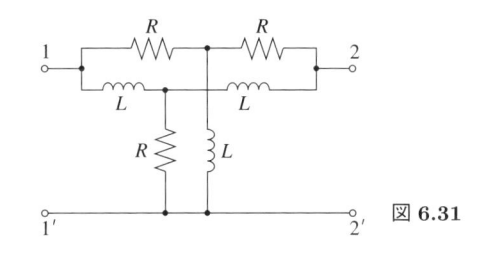

図 6.31

【解答】 図 6.32 の N'，N'' の並列接続を考える。
まず，N' において，$V_2=0$ の回路を考えると

$$I_1' = \frac{1}{R + \dfrac{1}{1/R + 1/j\omega L}} V_1$$

$$= \frac{R + j\omega L}{R(R + 2j\omega L)} V_1$$

$$I_2' = -\frac{j\omega L}{R + j\omega L} I_1'$$

$$= \frac{-j\omega L}{R(R + 2j\omega L)} V_1$$

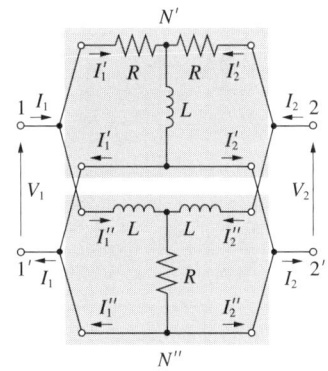

したがって

図 6.32

$$Y_{11}' = \left.\frac{I_1'}{V_1}\right|_{V_2=0} = \frac{R + j\omega L}{R(R + 2j\omega L)}, \qquad Y_{21}' = \left.\frac{I_2'}{V_1}\right|_{V_2=0} = \frac{-j\omega L}{R(R + 2j\omega L)}$$

また，この回路は左右対称で相反なので $Y_{22}'=Y_{11}'$，$Y_{12}'=Y_{21}'$ となる。
次に，N'' の回路は N' における R と L を入れ替えた回路なので，$R \Leftrightarrow j\omega L$ を交換して整理すれば

$$Y_{11}'' = Y_{22}'' = \frac{R + j\omega L}{j\omega L(2R + j\omega L)}, \qquad Y_{12}'' = Y_{21}'' = \frac{-R}{j\omega L(2R + j\omega L)}$$

となり，回路全体のアドミタンス行列は

$$\begin{bmatrix} Y_{11} & Y_{12} \\ Y_{21} & Y_{22} \end{bmatrix} = \begin{bmatrix} Y_{11}' + Y_{11}'' & Y_{12}' + Y_{12}'' \\ Y_{21}' + Y_{21}'' & Y_{22}' + Y_{22}'' \end{bmatrix}$$

として求められる。 ◇

演 習 問 題

6.1 問図 6.1 の 2 端子対回路 N の Z 行列と Y 行列が以下で与えられるとき

$$Z = \begin{bmatrix} Z_{11} & Z_{12} \\ Z_{21} & Z_{22} \end{bmatrix}, \quad Y = \begin{bmatrix} Y_{11} & Y_{12} \\ Y_{21} & Y_{22} \end{bmatrix}$$

図 (a) の Z 行列を求めよ.
図 (b) の Y 行列を求めよ.
図 (c) の Z 行列と Y 行列を求めよ.
図 (d) の Z 行列と Y 行列を求めよ.

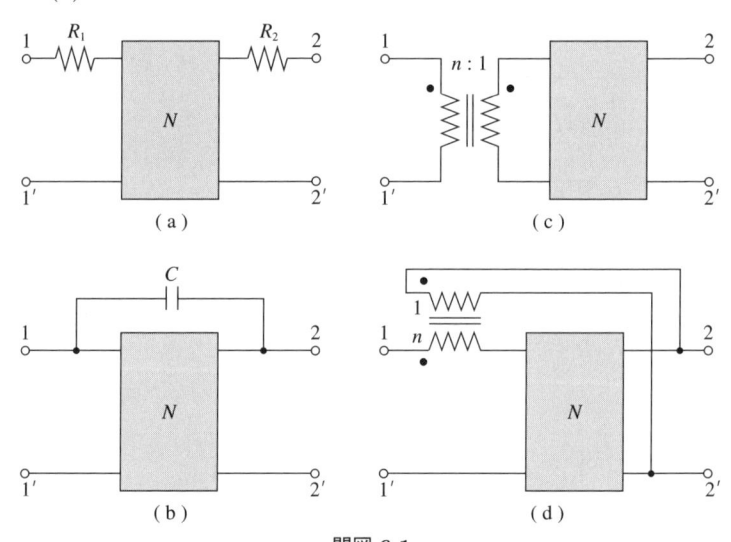

問図 6.1

6.2 問図 6.2 に示す回路 (a), (b) の Z 行列, Y 行列, および F 行列を求めよ.

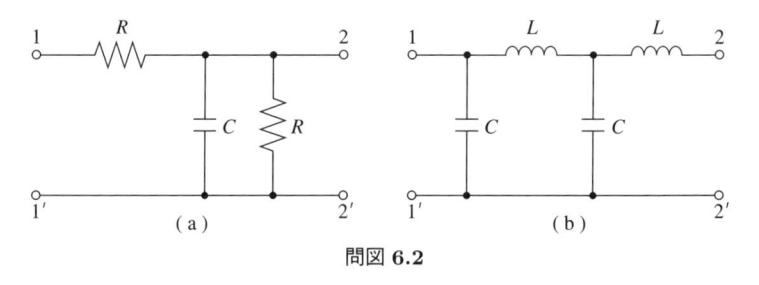

問図 6.2

6.3 問図 6.2 の回路 (a), (b) の F 行列を縦続接続の考え方を用いて求めよ.

演習問題　139

6.4 問図 **6.3** の格子形回路と呼ばれる回路の F 行列を求めよ[†1]。また，対称格子形回路（$Z_1=Z_4$, $Z_2=Z_3$ のとき）の F 行列はどうなるか。

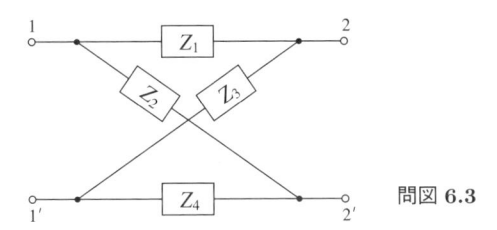

問図 **6.3**

6.5 問図 **6.4** に示す回路 (a), (b) の F 行列を縦続接続の考え方を用いて求めよ。

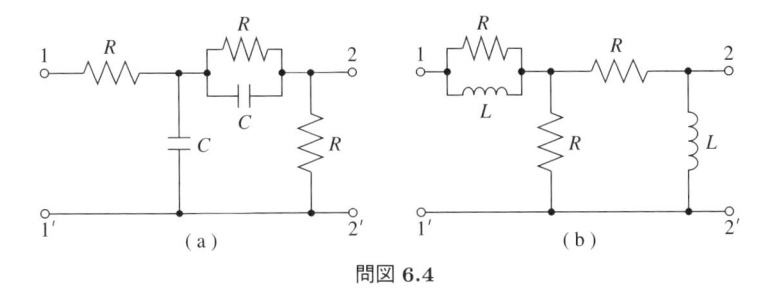

問図 **6.4**

6.6 問図 **6.5** (a) に示す回路の F 行列を縦続接続の考え方を用いて求めよ。また，それに等価な T 形 2 端子対回路を求めよ[†2]。

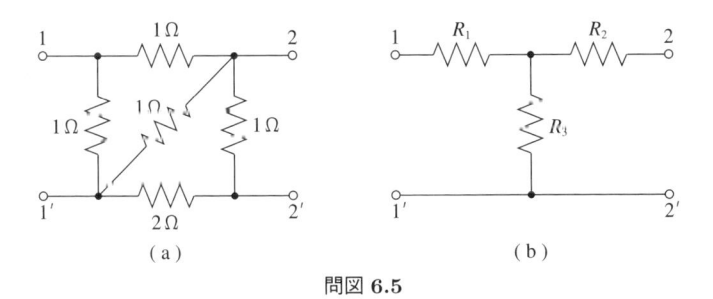

問図 **6.5**

[†1] 格子形回路は例題 6.5 の基本回路の縦続接続とは考えられないので，一般的な F 行列の求め方をするしかない。

[†2] T 形 2 端子対回路として問図 6.5 (b) を仮定し，その F 行列を求め，それが図 (a) と同じ F 行列になるように R_1, R_2, R_3 を求めればよい。

6.7 問図 6.6 (a), (b) に示す回路の F 行列を求めて比較し，図 (a) と図 (b) が等価になるような理想変成器の巻線比 n と素子値 C_3, C_4 を求めよ．

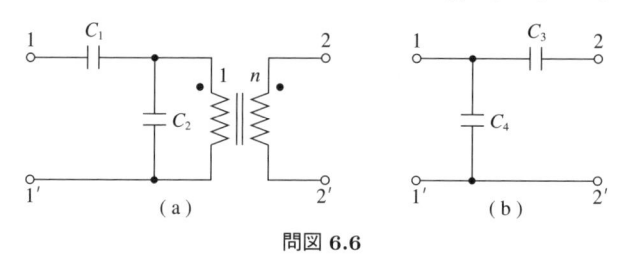

問図 6.6

6.8 問図 6.1 の回路 (a) の Z 行列を直列接続の考え方を用いて，回路 (b) の Y 行列を並列接続の考え方を用いて求めよ．

6.9 問図 6.7 に示す回路 (a), (b) の Z 行列を求めよ[†]．

問図 6.7

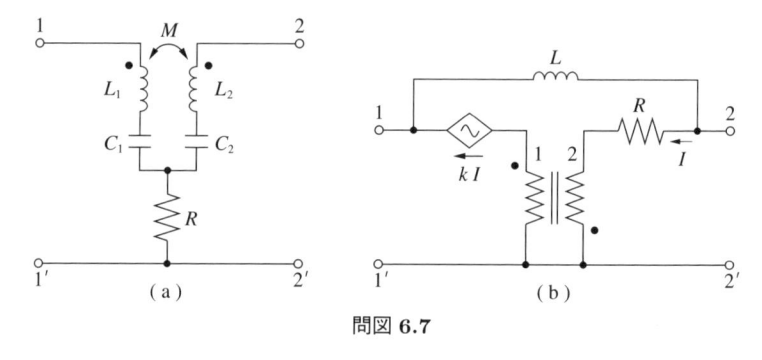

6.10 問図 6.8 に示す回路 (a), (b) の Y 行列を求めよ．

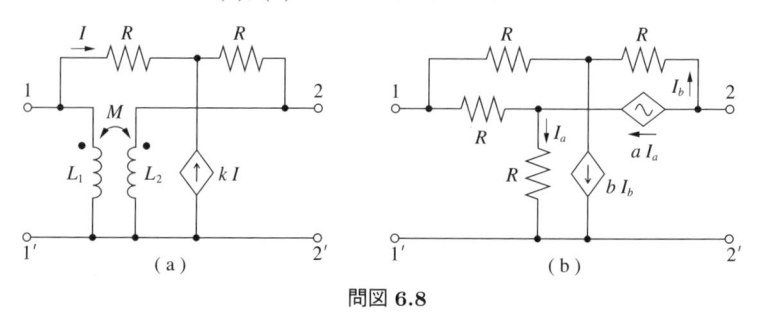

問図 6.8

[†] 理想変成器には Z 行列は存在しないので，問図 6.7 の回路 (b) には直列接続の考え方は適用できない．

7 3相交流回路

7.1 はじめに

　周波数が同じで振幅や位相が異なるいくつかの交流電圧源を適切に接続し，電力を負荷に伝送する方式を**多相交流方式**（polyphase system），またその回路を**多相交流回路**（polyphase circuit）という．なかでも実用上最も重要なのは3個の交流電圧源を接続した**3相交流回路**（three-phase circuit）である．

　交流電力の発生や送電のほとんどが3相交流を用いているが，これは送電線による損失が単相に比べて小さいこと，回転磁界ができて電動機などに利用しやすいことなどの特徴によるものである．

　この章では，3相交流回路の基本的な事項
1. 3相交流電源の構成：各電圧源の振幅が等しく，位相差が互いに $\frac{2\pi}{3}$ となる3個の交流電圧源を接続した対称3相電源の定義と取扱い
2. 3相交流回路の解析：対称3相電源に3相負荷（対称・非対称，Y形・∧形）を接続した場合の解析方法
3. 3相交流回路の電力：3相の複素電力の求め方，回路の特徴を利用した2電力計法の取扱い

について説明する．

　3個の電源に三つの端子をもつ負荷を接続するので，回路は一般に3端子回路となり，解析が複雑になる．しかし，対称性のある電源や負荷からなる回路の場合には，回路方程式にも対称性が反映されて解析が著しく簡単になる．このことも味わってほしい．

7.2 対称3相電源

電圧の周波数と振幅が等しく,位相が $2\pi/3$ ずつずれた3個の交流電圧源を**対称3相電源**という。対称3相電源は次式で表される。

$$\left.\begin{aligned} e_a(t) &= E_m \cos \omega t \\ e_b(t) &= E_m \cos\left(\omega t - \frac{2\pi}{3}\right) \\ e_c(t) &= E_m \cos\left(\omega t - \frac{4\pi}{3}\right) = E_m \cos\left(\omega t + \frac{2\pi}{3}\right) \end{aligned}\right\} \quad (7.1)$$

これらを複素電源として表すと次式が得られ,ベクトル表示は図 **7.1** となる。

$$\left.\begin{aligned} E_a &= E_e \\ E_b &= E_e\, e^{-j\frac{2\pi}{3}} = E_e\, a^{-1} = \left(-\frac{1}{2} - j\frac{\sqrt{3}}{2}\right) E_e \\ E_c &= E_e\, e^{-j\frac{4\pi}{3}} = E_e\, a^{-2} = \left(-\frac{1}{2} + j\frac{\sqrt{3}}{2}\right) E_e \end{aligned}\right\} \quad (7.2)$$

ただし,E_e は電圧の実効値 $E_e = E_m/\sqrt{2}$ であり,$a = e^{j\frac{2\pi}{3}}$ とおいた。この a に関して,以下の性質[†]があることに注意しよう。

$$\left.\begin{aligned} a^3 &= 1, \quad a^2 = a^{-1}, \quad a = a^{-2} \\ 1 + a^{-1} + a^{-2} &= 1 + a + a^2 = 0 \end{aligned}\right\} \quad (7.3)$$

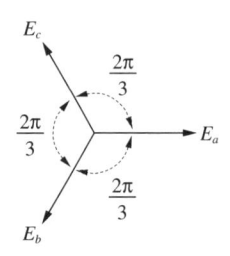

図 7.1 対称3相電源のベクトル表示

[†] 1 の 3 乗根,すなわち $x^3 - 1 = 0$ の根は,$x^3 - 1 = (x-1)(x^2 + x + 1) = 0$ より 1 と a と a^2 である。

7.2 対称3相電源　143

式 (7.2), (7.3) および図 7.1 より，対称 3 相電源の総和は 0 となる．

$$E_a + E_b + E_c = \left(1 + a^{-1} + a^{-2}\right) E_e = 0 \tag{7.4}$$

この関係式を式 (7.1) の瞬時値表示でみると

$$e_a(t) + e_b(t) + e_c(t) = 0 \tag{7.5}$$

となる．

3 相電源の接続方法には，**図 7.2** に示される **Y 形結線**（Y connection）と **Δ 形結線**（delta connection）の 2 種類がある[†1]．

(a) Y 形 結 線　　　　(b) Δ 形 結 線

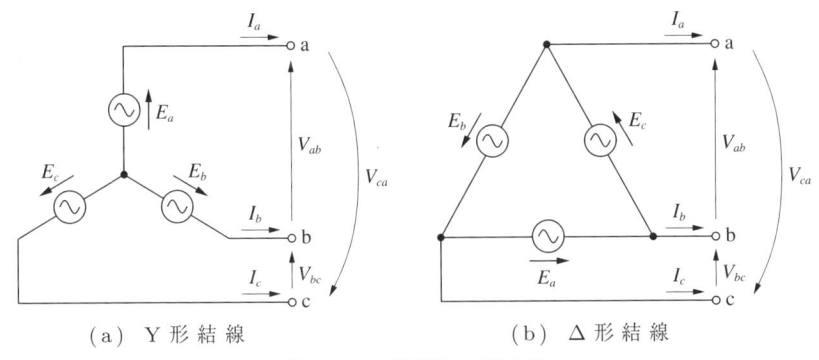

図 **7.2**　3 相電源の接続方法

各結線方法で，E_a, E_b, E_c は**相電圧**（phase voltage）と呼ばれる．また，どちらの結線方法でも，3 相電源からは 3 本の端子 a, b, c が外部へ接続されるが，その端子線に流れる電流 I_a, I_b, I_c を**線電流**（line current），線の間の電圧 V_{ab}, V_{bc}, V_{ca} を**線間電圧**（line voltage）と呼ぶ[†2]．

【**課題 7.1**】　式 (7.2) で与えられる一組の電源を "対称 3 相電源" と呼ぶ言葉の由来を調べてみよう．

[†1]　Y 形結線は**星状結線**（star connection），Δ 形結線は**環状結線**（ring connection）とも呼ばれる．

[†2]　Δ 形結線では，線間電圧は相電圧と等しくなる．

例題 7.1 次の三つの電圧が対称 3 相電源であることを証明せよ。

$$V_1 = 30 + j30\sqrt{3} \text{ V}, \quad V_2 = 30 - j30\sqrt{3} \text{ V}, \quad V_3 = -60 \text{ V}$$

【解答】 各電圧の大きさと偏角を計算すると

$$|V_1| = \sqrt{30^2 + 30^2 \times 3} = 60 \qquad \angle V_1 = \tan^{-1}\frac{30\sqrt{3}}{30} = \frac{\pi}{3}$$

$$|V_2| = \sqrt{30^2 + 30^2 \times 3} = 60 \qquad \angle V_2 = \tan^{-1}\frac{-30\sqrt{3}}{30} = -\frac{\pi}{3}$$

$$|V_3| = 60 \qquad \qquad \angle V_3 = \tan^{-1}\frac{0}{-60} = -\pi$$

したがって

$$|V_1| = |V_2| = |V_3|, \quad \angle V_1 - \angle V_2 = \angle V_2 - \angle V_3 = \frac{2\pi}{3}$$

となり，振幅と位相差の性質より，V_1, V_2, V_3 は対称 3 相電源である[†]。　　◇

[†] この電源を図 **7.3**(a) のように三つの端子 a, b, c に
$E_a = V_1, \ E_b = V_2, \ E_c = V_3$
となるように接続した。この場合

$$\begin{bmatrix} E_a \\ E_b \\ E_c \end{bmatrix} = \begin{bmatrix} V_1 \\ V_2 \\ V_3 \end{bmatrix} = \begin{bmatrix} 60\,e^{j\frac{\pi}{3}} \\ 60\,e^{-j\frac{\pi}{3}} \\ 60\,e^{-j\pi} \end{bmatrix} = 60\,e^{j\frac{\pi}{3}} \begin{bmatrix} 1 \\ e^{-j\frac{2\pi}{3}} \\ e^{-j\frac{4\pi}{3}} \end{bmatrix}$$

より，この電源は，式 (7.2) の電源と比較して，位相が $\pi/3$ 進んだ実効値 60 V の対称 3 相電源といえる。

次に，端子 b, c の接続を逆にした図 (b) を考えると

$$\begin{bmatrix} E_a \\ E_b \\ E_c \end{bmatrix} = \begin{bmatrix} V_1 \\ V_3 \\ V_2 \end{bmatrix} = 60\,e^{j\frac{\pi}{3}} \begin{bmatrix} 1 \\ e^{j\frac{2\pi}{3}} \\ e^{j\frac{4\pi}{3}} \end{bmatrix}$$

となる。端子 a, b, c からみたこの電源は，式 (7.2) と比べると各端子の位相差が $2\pi/3$ ずつ進んだ，すなわち相順が逆転した対称 3 相電源である。

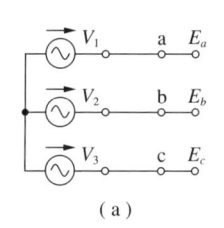

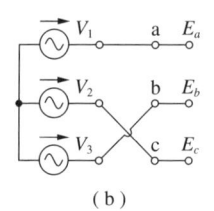

図 **7.3**

このように，対称 3 相電源には相順が異なる 2 種類の電源が考えられるが，本章では，多くの人々によって使われている式 (7.2) の電源を使って説明する。もちろん，以下に説明するすべての性質は，相順を逆にした電源を使っても同様に導かれる。

例題 7.2 Y形結線された対称3相電源の相電圧 E_a, E_b, E_c と線間電圧 V_{ab}, V_{bc}, V_{ca} の関係を求めよ。

【解答】 図 7.2 の記号を用いると

$$V_{ab} = E_a - E_b$$
$$V_{bc} = E_b - E_c$$
$$V_{ca} = E_c - E_a$$

これらに, 式 (7.2) を代入し整理すると

$$V_{ab} = \left(\frac{3}{2} + j\frac{\sqrt{3}}{2}\right) E_e$$

$$V_{bc} = -j\sqrt{3}\, E_e$$

$$V_{ca} = \left(-\frac{3}{2} + j\frac{\sqrt{3}}{2}\right) E_e$$

を得る。これら線間電圧の大きさと偏角を計算すると

$$|V_{ab}| = |V_{bc}| = |V_{ca}| = \sqrt{3}\, E_e$$

$$\angle V_{ab} = \frac{\pi}{6}$$

$$\angle V_{bc} = -\frac{\pi}{2}$$

$$\angle V_{ca} = -\frac{7\pi}{6}$$

となり, 図 7.4 を得る。

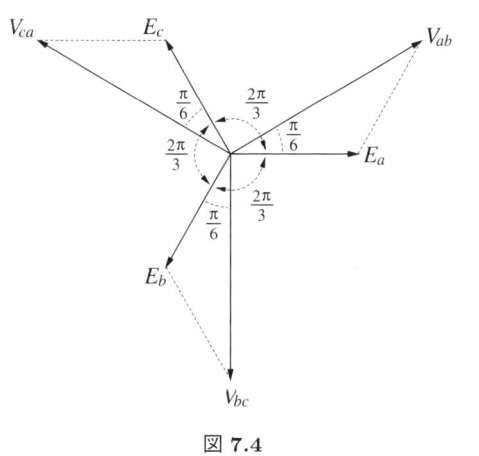

図 7.4

この図から, V_{ab}, V_{bc}, V_{ca} はそれぞれ E_a, E_b, E_c に対し位相が $\frac{\pi}{6}$ だけ進み, 実効値が $\sqrt{3}$ 倍であることがわかる[†]。 ◇

[†] この例題の結果は, Y形結線された対称3相電源が, 上述の V_{ab}, V_{bc}, V_{ca} で表される Δ形対称3相電源に等価変換できることを示している。逆に, Δ形対称3相電源を Y形対称3相電源に変換する場合は, 位相を $\pi/6$ ずつ遅らせ, 実効値を $1/\sqrt{3}$ 倍すればよい。

7.3 対称3相負荷

3相交流回路の負荷の接続方法も図 7.5 に示されるように Y 形結線と Δ 形結線がある[†]。

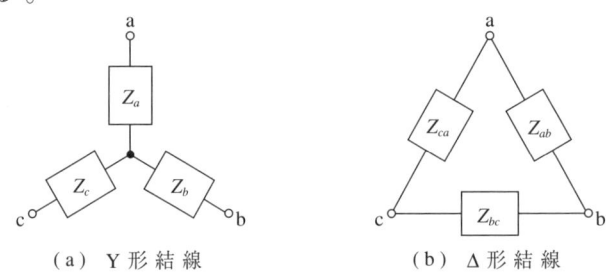

(a) Y 形結線　　　　　**(b) Δ 形結線**
図 7.5　3相交流回路の負荷

図 (a) で $Z_a = Z_b = Z_c$ あるいは図 (b) で $Z_{ab} = Z_{bc} = Z_{ca}$ の場合，これらの負荷は**対称 3 相負荷**と呼ばれる。

対称 3 相電源に対称 3 相負荷を接続した回路を解析してみよう。電源と負荷にそれぞれ Y 形と Δ 形があるので，4 種類の組合せが考えられる。これらの回路はいずれも対称な性質から，単相回路に分解して解析が可能となる。

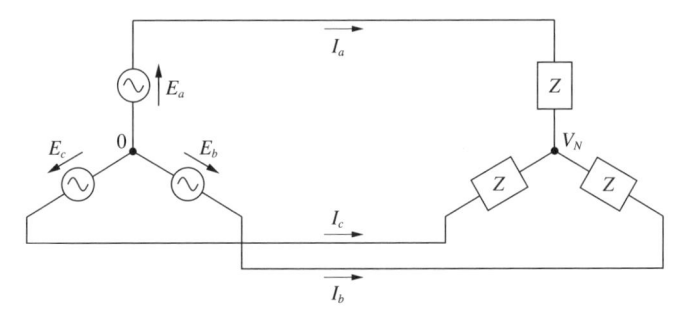

7.3.1　Y 形対称 3 相電源–Y 形対称 3 相負荷

図 7.6 のように Y 形対称 3 相電源に Y 形対称 3 相負荷を接続した回路を考える。電源の中性点の電圧を基準にとり，負荷の中性点の電圧を V_N とすると，

図 7.6　Y 形対称 3 相電源–Y 形対称 3 相負荷

[†] これらは Δ–Y 変換（86 ページ参照）を用いて互いに等価変換することができる。

線電流 I_a, I_b, I_c は

$$I_a = \frac{E_a - V_N}{Z}, \quad I_b = \frac{E_b - V_N}{Z}, \quad I_c = \frac{E_c - V_N}{Z} \tag{7.6}$$

と表される。これを中性点における KCL：$I_a + I_b + I_c = 0$ に代入すると

$$V_N = \frac{1}{3}(E_a + E_b + E_c) = 0 \tag{7.7}$$

となり，Y形対称3相電源にY形対称3相負荷を接続した回路では

電源の中性点と負荷の中性点には電圧差はなく，

これらの間を短絡してもさしつかえないことになる。したがって，図7.6の回路は図7.7のように3個の単相回路に分解して考えることができ

$$I_a = \frac{E_a}{Z}, \quad I_b = \frac{E_b}{Z}, \quad I_c = \frac{E_c}{Z} \tag{7.8}$$

として求めることができる。

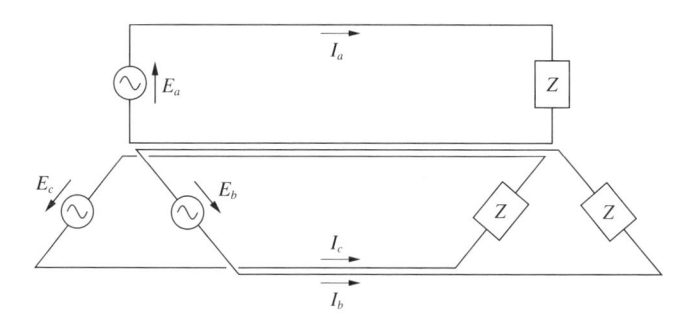

図 **7.7** Y形対称3相電源-Y形対称3相負荷回路の分解

7.3.2　△形対称3相電源-△形対称3相負荷

次に，図 **7.8** のように△形対称3相電源に△形対称3相負荷を接続した回路を考える。この回路は，図 **7.9** のようにそれぞれの負荷が電源に並列に接続されていると考えることができ，負荷に流れる電流 I_α, I_β, I_γ は

$$I_\alpha = \frac{E_a}{Z}, \quad I_\beta = \frac{E_b}{Z}, \quad I_\gamma = \frac{E_c}{Z} \tag{7.9}$$

として求めることができる。

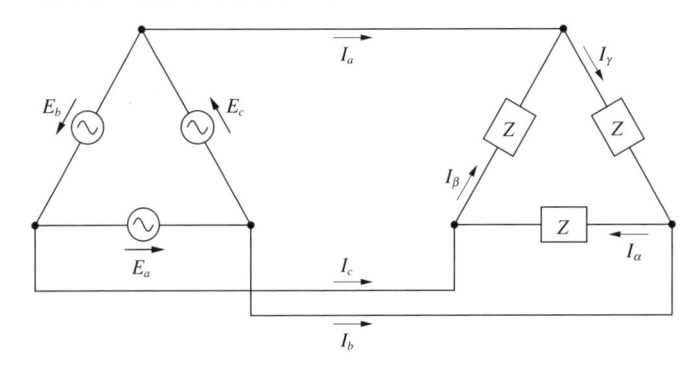

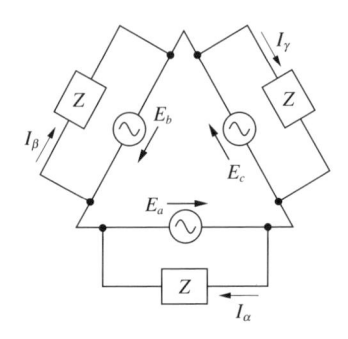

図 7.8 △形対称3相電源–△形対称3相負荷

図 7.9 △形対称3相電源–△形対称3相
負荷回路の分解

また，線電流は

$$I_a = I_\gamma - I_\beta, \quad I_b = I_\alpha - I_\gamma, \quad I_c = I_\beta - I_\alpha \tag{7.10}$$

より得られる．

なお，Y形対称3相電源に△形対称3相負荷を接続した回路や，△形対称3相電源にY形対称3相負荷を接続した回路の場合には

- 例題7.2の結果を利用し，負荷の形に合わせて電源の形を変換する
- 負荷に△–Y変換を適用し，電源の形に合わせて負荷の形を変換する

のどちらかにより，Y形対称3相電源–Y形対称3相負荷回路，または△形対称3相電源–△形対称3相負荷回路に変換してから取り扱うとよい．

7.3 対称3相負荷

例題 7.3 図 7.10 の 3 相交流回路において，電源が式 (7.2) で表されるとき，線電流 I_a, I_b, I_c を求めよ。

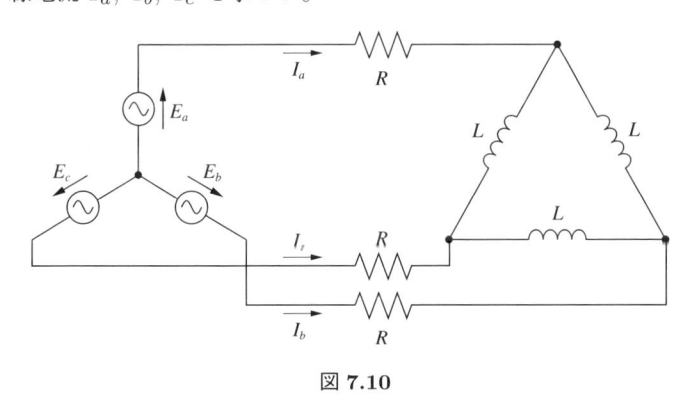

図 7.10

【解答】 負荷を △ 形から Y 形に変換する式

$$Z_a = \frac{Z_{ab}Z_{ca}}{Z_{ab} + Z_{bc} + Z_{ca}}$$

を用いて負荷の △ 形部分を Y 形に変換すると図 7.11 が得られ，抵抗 R を加えて

$$Z = R + \frac{j\omega L}{3}$$

の Y 形対称 3 相負荷が接続されたとみなすことができる。

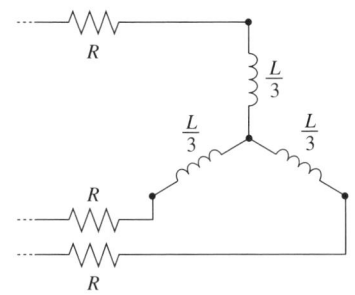

図 7.11

したがって，3 個の単相回路に分けて考えることができ

$$I_a = \frac{E_a}{Z} = \frac{E_a}{R + \dfrac{j\omega L}{3}} = \frac{3}{3R + j\omega L} E_e$$

$$I_b = \frac{E_b}{Z} = \frac{E_b}{R + \dfrac{j\omega L}{3}} = -\frac{3(1 + j\sqrt{3})}{2(3R + j\omega L)} E_e$$

$$I_c = \frac{E_c}{Z} = \frac{E_c}{R + \dfrac{j\omega L}{3}} = -\frac{3(1 - j\sqrt{3})}{2(3R + j\omega L)} E_e$$

が得られる。   ◇

例題 7.4 図 **7.12** の △ 形対称 3 相負荷を，相電圧が式 (7.2) で表される Y 形対称 3 相電源に接続したとき，負荷に流れる電流 I_α, I_β, I_γ を求めよ。

また，$\omega CR = 1$ のとき，I_α, I_β, I_γ の E_a に対する位相差を求めよ。

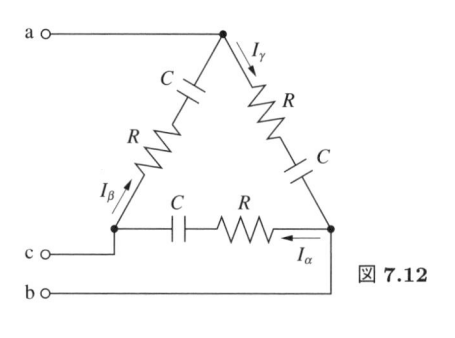

図 **7.12**

【解答】 例題 7.2 の結果を利用し，電源を Y 形から △ 形に変換することにより，図 **7.13** が得られる。ただし

$$V_{ab} = \left(\frac{3}{2} + j\frac{\sqrt{3}}{2}\right)E_e, \quad V_{bc} = -j\sqrt{3}\,E_e, \quad V_{ca} = \left(-\frac{3}{2} + j\frac{\sqrt{3}}{2}\right)E_e$$

図 **7.13**

したがって，式 (7.9) より

$$I_\alpha = \frac{V_{bc}}{R + \dfrac{1}{j\omega C}} = \frac{\sqrt{3}\,\omega C}{1 + j\omega CR}E_e$$

$$I_\beta = \frac{V_{ca}}{R + \dfrac{1}{j\omega C}} = -\frac{\sqrt{3}\,\omega C\,(1 + j\sqrt{3})}{2(1 + j\omega CR)}E_e$$

$$I_\gamma = \frac{V_{ab}}{R + \dfrac{1}{j\omega C}} = -\frac{\sqrt{3}\,\omega C\,(1 - j\sqrt{3})}{2(1 + j\omega CR)}E_e$$

と求められる。

7.3 対称3相負荷

また，$\omega CR = 1$ のとき，各電流の E_e に対する位相差は

$$\angle I_\alpha = -\tan^{-1}\omega CR = -\frac{1}{4}\pi$$

$$\angle I_\beta = \tan^{-1}\frac{-\sqrt{3}}{-1} - \tan^{-1}\omega CR = -\frac{2}{3}\pi - \frac{1}{4}\pi = -\frac{11}{12}\pi$$

$$\angle I_\gamma = \tan^{-1}\frac{\sqrt{3}}{-1} - \tan^{-1}\omega CR = \frac{2}{3}\pi - \frac{1}{4}\pi = \frac{5}{12}\pi$$

であり，E_a は E_e と同相であることを考え合わせると，各電流の E_a に対する位相差は

$I_\alpha : \dfrac{1}{4}\pi$ 遅れている

$I_\beta : \dfrac{11}{12}\pi$ 遅れている

$I_\gamma : \dfrac{5}{12}\pi$ 進んでいる

となる。 ◇

【注意】 本例題のように，負荷に流れる電流を求めたいときには，負荷の形に電源の形を合わせ，負荷が Δ 形であれば電源も Δ 形に変換すると簡単に求められる。

一方，線電流 I_a, I_b, I_c を求めたいときには，先の例題のように，負荷に対して Δ-Y 変換を適用し，Y 形対称3相電源-Y 形対称3相負荷の回路にしたほうが簡単に求められる。もちろん，本例題のように，Δ 形負荷に流れる電流 I_α, I_β, I_γ を求め，それらを式 (7.10) に代入しても同じ結果が得られるが，手間を多少必要としてしまう。

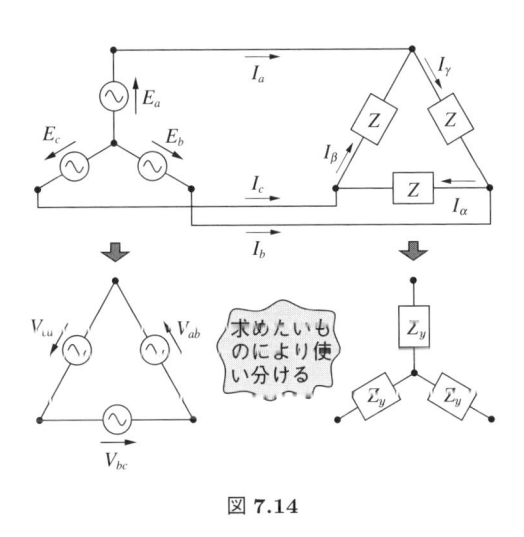

図 7.14

以上のように"求めたいものが何か"によって Δ 形と Y 形を使い分けることが，簡単に解くためのポイントになる（図 **7.14**）。

7.4 非対称3相負荷

7.4.1 Y形対称3相電源–Y形非対称3相負荷

図 **7.15** のように，Y 形対称 3 相電源に Y 形非対称 3 相負荷を接続した回路を考える。

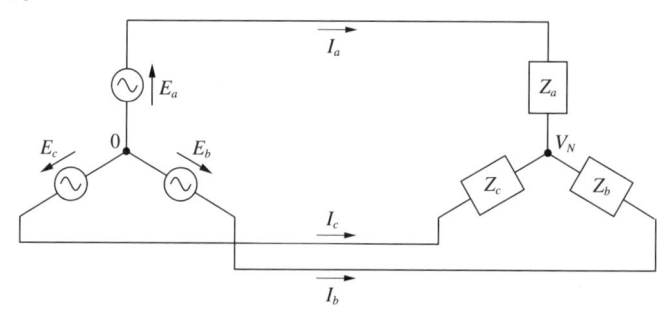

図 7.15 Y 形対称 3 相電源–Y 形非対称 3 相負荷

電源の中性点の電圧を基準にとり，負荷の中性点の電圧を V_N とすると，線電流 I_a, I_b, I_c は

$$I_a = \frac{E_a - V_N}{Z_a}, \quad I_b = \frac{E_b - V_N}{Z_b}, \quad I_c = \frac{E_c - V_N}{Z_c} \tag{7.11}$$

と表される。これを中性点における KCL：$I_a + I_b + I_c = 0$ に代入すると

$$V_N = \frac{\dfrac{E_a}{Z_a} + \dfrac{E_b}{Z_b} + \dfrac{E_c}{Z_c}}{\dfrac{1}{Z_a} + \dfrac{1}{Z_b} + \dfrac{1}{Z_c}} = \frac{Z_b Z_c E_a + Z_a Z_c E_b + Z_a Z_b E_c}{Z_a Z_b + Z_b Z_c + Z_c Z_a} \tag{7.12}$$

となり，この V_N を式 (7.11) に代入し整理すると

$$\left.\begin{aligned} I_a &= \frac{Z_c(E_a - E_b) + Z_b(E_a - E_c)}{Z_a Z_b + Z_b Z_c + Z_c Z_a} \\ I_b &= \frac{Z_a(E_b - E_c) + Z_c(E_b - E_a)}{Z_a Z_b + Z_b Z_c + Z_c Z_a} \\ I_c &= \frac{Z_b(E_c - E_a) + Z_a(E_c - E_b)}{Z_a Z_b + Z_b Z_c + Z_c Z_a} \end{aligned}\right\} \tag{7.13}$$

が得られる。

7.4.2 △形対称3相電源–△形非対称3相負荷

△形対称3相電源に△形非対称3相負荷を接続した回路の取扱いは，対称負荷の場合と同様に図 **7.16** のように分解して考えられ

$$I_\alpha = \frac{E_a}{Z_{bc}}, \quad I_\beta = \frac{E_b}{Z_{ca}}, \quad I_\gamma = \frac{E_c}{Z_{ab}} \tag{7.14}$$

として求められる。線電流も式 (7.10) と同様の

$$I_a = I_\gamma - I_\beta, \quad I_b = I_\alpha - I_\gamma, \quad I_c = I_\beta - I_\alpha$$

から得られる。

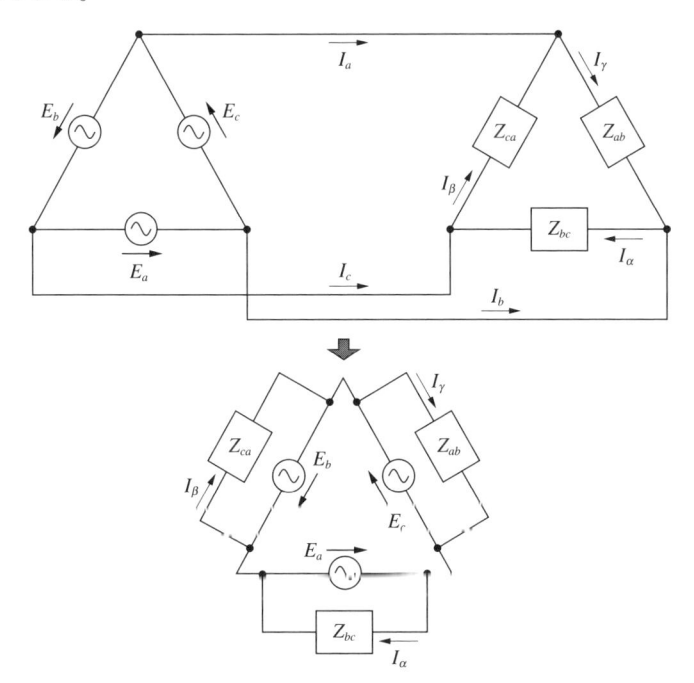

図 **7.16** △形対称3相電源–△形非対称3相負荷

なお，対称3相電源と異なる形の非対称3相負荷が接続された場合は，対称負荷の際に述べたのと同様に，例題 7.2 の結果や △–Y 変換を利用して電源あるいは負荷の形を変換し，Y 形電源–Y 形負荷，もしくは △ 形電源–△ 形負荷に変換してから取り扱うとよい。

例題 7.5 図 7.17 の非対称 3 相負荷を，相電圧の実効値が 100 V の Y 形対称 3 相電源に接続したとき，線電流 I_a, I_b, I_c の実効値を求めよ。

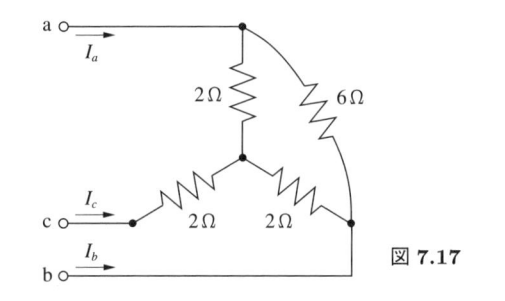

図 7.17

【解答】 Δ–Y 変換により，負荷は図 7.18 の Y 形非対称 3 相負荷に変換できる。

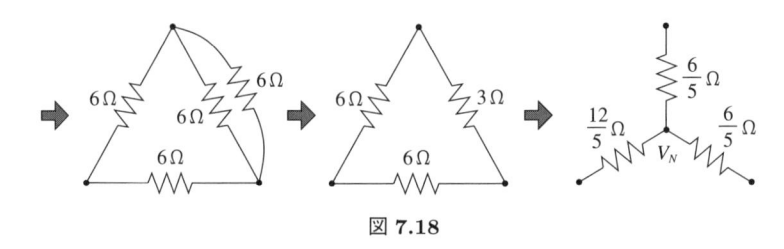

図 7.18

相電圧の実効値が 100 V の Y 形対称 3 相電源は，式 (7.2) より
$$E_a = 100, \quad E_b = 50\left(-1 - j\sqrt{3}\right), \quad E_c = 50\left(-1 + j\sqrt{3}\right)$$
となるので，式 (7.12) より中性点の電圧 V_N は
$$V_N = 10\left(1 - j\sqrt{3}\right)$$
と計算される。これを，式 (7.11) に代入し
$$I_a = \frac{5}{6}\left\{100 - 10\left(1 - j\sqrt{3}\right)\right\} = \frac{50}{6}\left(9 + j\sqrt{3}\right)$$
$$I_b = \frac{5}{6}\left\{50\left(-1 - j\sqrt{3}\right) - 10\left(1 - j\sqrt{3}\right)\right\} = \frac{50}{3}\left(-3 - j2\sqrt{3}\right)$$
$$I_c = \frac{5}{12}\left\{50\left(-1 + j\sqrt{3}\right) - 10\left(1 - j\sqrt{3}\right)\right\} = 25\left(-1 + j\sqrt{3}\right)$$
したがって
$$|I_a| = \frac{50}{6}\sqrt{9^2 + \left(\sqrt{3}\right)^2} = \frac{50\sqrt{21}}{3} \text{ A}$$
$$|I_b| = \frac{50}{3}\sqrt{3^2 + \left(2\sqrt{3}\right)^2} = \frac{50\sqrt{21}}{3} \text{ A}$$
$$|I_c| = 25\sqrt{1^2 + \left(\sqrt{3}\right)^2} = 50 \text{ A}$$

◇

例題 7.6 図 **7.19** の非対称3相負荷を，相電圧が式 (7.2) で表される Y 形対称3相電源に接続したとき，線電流 I_a と I_b の位相差が $3\pi/4$ となる条件を求めよ。

また，抵抗 r が短絡されると，I_a と I_b の位相差はいくらになるか。

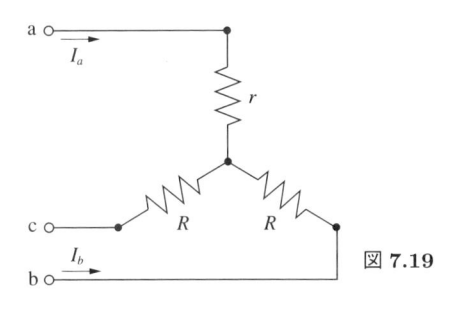

図 **7.19**

【解答】 式 (7.12) に，式 (7.2) と $Z_a = r$, $Z_b = Z_c = R$ を代入すると，中性点の電圧 V_N は

$$V_N = \frac{R-r}{R+2r} E_e$$

と計算される。これを式 (7.11) に代入し

$$I_a = \frac{3}{R+2r} E_e$$

$$I_b = \left(-\frac{3}{2(R+2r)} - j\frac{\sqrt{3}}{2R}\right) E_e$$

が得られる。したがって，I_a, I_b は複素平面上に図 **7.20** のように表され

$$\frac{3}{2(R+2r)} = \frac{\sqrt{3}}{2R}$$

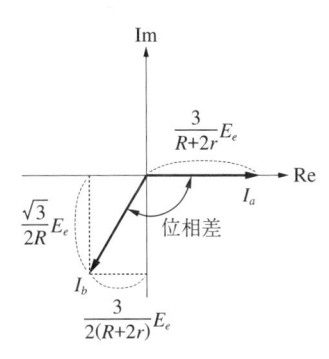

図 **7.20**

であれば，I_a と I_b の位相差が $\dfrac{3\pi}{4}$ になる。これを r について解くと

$$r = \frac{\sqrt{3}-1}{2} R$$

という条件が得られる。

抵抗 r が短絡された場合の位相差は，I_a, I_b の式に $r=0$ を代入して考えればよく，I_a は大きさが変わるが，偏角は変わらない。また，I_b は実部が変化することにより，実部と虚部の大きさの比が $\sqrt{3} : 1$ と変化し，$\angle I_b = -5\pi/6$ となる。すなわち，I_a と I_b の位相差は $5\pi/6$ となる。　　　　　　　　　　　　　　◇

7.5 3相交流回路の電力

7.5.1 3相の複素電力

3相交流回路の電力は，負荷の電圧 V_a, V_b, V_c と電流 I_a, I_b, I_c より

$$\left.\begin{array}{l} 複素電力：P = \overline{V}_a I_a + \overline{V}_b I_b + \overline{V}_c I_c \\ 有効電力：\mathrm{Re}\,(P) \\ 無効電力：\mathrm{Im}\,(P) \\ 皮相電力：|P| \end{array}\right\} \tag{7.15}$$

として計算することができる。ただし，Re は実部，Im は虚部を表している。

また，対称3相電源に対称3相負荷が接続された3相交流回路では

$$\overline{V}_a I_a = \overline{V}_b I_b = \overline{V}_c I_c \tag{7.16}$$

が成り立ち，いずれか1相のみの電力を計算すれば，それを3倍することにより

$$P = 3\overline{V}_a I_a \tag{7.17}$$

として，負荷全体での電力を得ることができる。

7.5.2 2電力計法

3相交流回路では，回路の特徴を利用することにより，二つの電力計を接続するだけで負荷全体の電力を測定することができる。

まず，図 **7.21** のような Y 形非対称負荷の複素電力を考える。

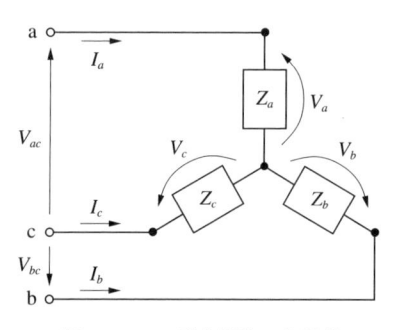

図 **7.21** Y 形非対称3相負荷

7.5 3相交流回路の電力

$$P = \overline{V}_a I_a + \overline{V}_b I_b + \overline{V}_c I_c \tag{7.18}$$

であり

$$\left.\begin{array}{l} I_a + I_b + I_c = 0 \\ \overline{V}_a - \overline{V}_c = \overline{V}_{ac} \\ \overline{V}_b - \overline{V}_c = \overline{V}_{bc} \end{array}\right\} \tag{7.19}$$

であるから，式 (7.18) は

$$\begin{aligned} P &= \overline{V}_a I_a + \overline{V}_b I_b + \overline{V}_c (-I_a - I_b) \\ &= (\overline{V}_a - \overline{V}_c) I_a + (\overline{V}_b - \overline{V}_c) I_b \\ &= \overline{V}_{ac} I_a + \overline{V}_{bc} I_b \end{aligned} \tag{7.20}$$

となる。

次に，図 **7.22** のような Δ 形非対称負荷の複素電力を考える。

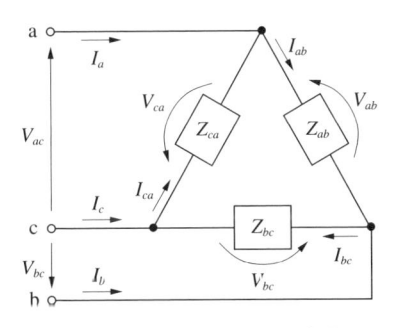

図 **7.22** Δ 形非対称 3 相負荷

$$P = \overline{V}_{ab} I_{ab} + \overline{V}_{bc} I_{bc} + \overline{V}_{ca} I_{ca} \tag{7.21}$$

であり

$$\left.\begin{array}{l} \overline{V}_{ab} + \overline{V}_{bc} + \overline{V}_{ca} = 0 \\ I_{ab} - I_{ca} = I_a \\ I_{bc} - I_{ab} = I_b \\ \overline{V}_{ac} = -\overline{V}_{ca} \end{array}\right\} \tag{7.22}$$

であるから

$$P = (-\overline{V}_{bc} - \overline{V}_{ca})I_{ab} + \overline{V}_{bc}I_{bc} + \overline{V}_{ca}I_{ca}$$
$$= \overline{V}_{bc}(I_{bc} - I_{ab}) + \overline{V}_{ca}(I_{ca} - I_{ab})$$
$$= \overline{V}_{bc}I_b - \overline{V}_{ca}I_a$$
$$= \overline{V}_{ac}I_a + \overline{V}_{bc}I_b \tag{7.23}$$

を得る。この結果は，先に求めた式 (7.20) に等しい。すなわち，3 相交流回路では，負荷の形にかかわらず

$$P = \overline{V}_{ac}I_a + \overline{V}_{bc}I_b \tag{7.24}$$

を用いて電力を計算することができる。

式 (7.24) の V_{ac}, V_{bc} は端子 c を基準とした線間電圧であり，I_a, I_b はいずれも線電流である。したがって，図 **7.23** のように二つの電力計を接続すれば，各電力計により測定される値 P_{e1}, P_{e2} の和として負荷全体の有効電力 P_e を求めることができる[†]。

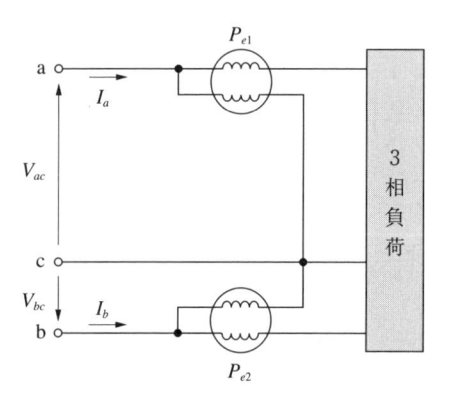

図 **7.23**　2 電力計法

[†] 負荷によっては，$\overline{V}_{ac}I_a$, $\overline{V}_{bc}I_b$ の値が負となることがある。この場合には，電力計端子を逆に接続し，電力計の示す値の差をもって有効電力としなければならない。

例題 7.7 図 7.24 の Δ 形対称 3 相負荷を，線間電圧 100 V，角周波数 500 rad/s の対称 3 相電源に接続したとき，電力計の示す値 P_{e1}, P_{e2} および負荷全体の有効電力 P_e を求めよ。

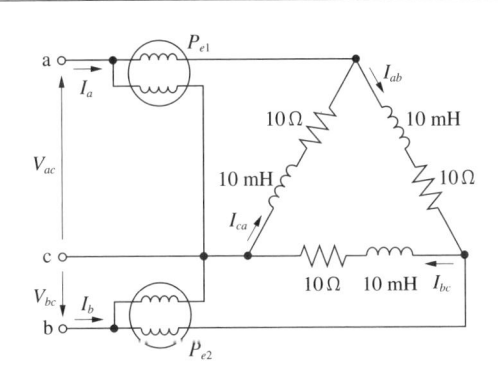

図 7.24

【解答】 負荷が Δ 形なので 3 相電源も Δ 形を想定すると，線間電圧 100 V より
$$V_{ab} = 100, \quad V_{bc} = 50(-1-j\sqrt{3}), \quad V_{ca} = 50(-1+j\sqrt{3})$$
また，$\omega = 500$ より負荷のインピーダンスは $10+j5$ となるので，流れる電流は
$$I_{ab} = \frac{100}{10+j5} = \frac{20}{2+j}$$
$$I_{bc} = \frac{50(-1-j\sqrt{3})}{10+j5} = \frac{10(-1-j\sqrt{3})}{2+j}$$
$$I_{ca} = \frac{50(-1+j\sqrt{3})}{10+j5} = \frac{10(-1+j\sqrt{3})}{2+j}$$
したがって，線電流は
$$I_a = I_{ab} - I_{ca} = \frac{10(3-j\sqrt{3})}{2+j}$$
$$I_b = I_{bc} - I_{ab} = \frac{10(-3-j\sqrt{3})}{2+j}$$
これより
$$P_{e1} = \left|\text{Re}\left(\overline{V}_{ac} I_a\right)\right| = \left|\text{Re}\left(-\overline{V}_{ca} I_a\right)\right| = 200(6+\sqrt{3}) \text{ W}$$
$$P_{e2} = \left|\text{Re}\left(\overline{V}_{bc} I_b\right)\right| = 200(6-\sqrt{3}) \text{ W}$$
と計算される。また，負荷全体の有効電力は
$$P_e = \text{Re}\left(\overline{V}_{ac} I_a + \overline{V}_{bc} I_b\right) = 200(6+\sqrt{3}) + 200(6-\sqrt{3}) = 2\,400 \text{ W}$$
となる[†]。 ◇

[†] 回路の対称性より負荷全体の有効電力は，1 相分の有効電力の 3 倍となるので，$P_e = 3 \times 10 \times \left|\frac{20}{2+j}\right|^2 = 30 \times \frac{400}{5} = 2\,400 \text{ W}$ としても求められる。

例題 7.8 図 7.25 の Y 形非対称 3 相負荷を，線間電圧 V の対称 3 相電源に接続したとき，電力計の示す値 P_{e1}, P_{e2}, および負荷全体の有効電力 P_e を求めよ。

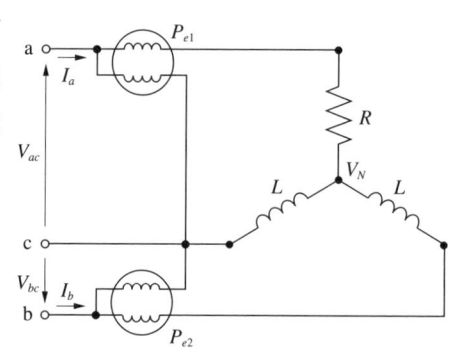

図 7.25

【解答】 負荷が Y 形なので 3 相電源も Y 形を想定すると，線間電圧 V より

$$E_a = \frac{V}{\sqrt{3}}, \quad E_b = \left(-\frac{1}{2} - j\frac{\sqrt{3}}{2}\right)\frac{V}{\sqrt{3}}, \quad E_c = \left(-\frac{1}{2} + j\frac{\sqrt{3}}{2}\right)\frac{V}{\sqrt{3}}$$

したがって，線間電圧は

$$V_{ac} = E_a - E_c = \left(\frac{3}{2} - j\frac{\sqrt{3}}{2}\right)\frac{V}{\sqrt{3}}$$

$$V_{bc} = E_b - E_c = -jV$$

また，式 (7.12) より中性点の電圧 V_N は

$$V_N = \frac{-R + j\omega L}{\sqrt{3}(2R + j\omega L)} V$$

と計算される。これを，式 (7.11) に代入し

$$I_a = \frac{\sqrt{3}}{2R + j\omega L} V$$

$$I_b = \frac{-(2R + \sqrt{3}\omega L) - j\omega L}{2\omega L (2R + j\omega L)} V$$

が得られる。これより

$$P_{e1} = \left|\mathrm{Re}\left(\overline{V_{ac}} I_a\right)\right| = \frac{6R + \sqrt{3}\omega L}{2(4R^2 + \omega^2 L^2)} V^2$$

$$P_{e2} = \left|\mathrm{Re}\left(\overline{V_{bc}} I_b\right)\right| = \left|-\frac{\sqrt{3}\omega L}{2(4R^2 + \omega^2 L^2)} V^2\right| = \frac{\sqrt{3}\omega L}{2(4R^2 + \omega^2 L^2)} V^2$$

と計算される。

また、負荷全体の有効電力は

$$P_e = \mathrm{Re}\left(\bar{V}_{ac} I_a + \bar{V}_{bc} I_b\right)$$
$$= \frac{6R + \sqrt{3}\omega L}{2\left(4R^2 + \omega^2 L^2\right)} V^2 - \frac{\sqrt{3}\omega L}{2\left(4R^2 + \omega^2 L^2\right)} V^2$$
$$= \frac{3R}{4R^2 + \omega^2 L^2} V^2$$

となる。

なお、電力は抵抗だけで消費されるので、R だけの有効電力を

$$P_e = R|I_a|^2$$
$$= R\left(\frac{\sqrt{3}}{\sqrt{4R^2 + \omega^2 L^2}} V\right)^2$$
$$= \frac{3R}{4R^2 + \omega^2 L^2} V^2$$

と求めても同じ結果が得られる。 ◇

【課題 7.2】 3相回路が対称でない場合や、発電機・モータなどの回転機が含まれる場合には、本章で述べたような3相回路の電圧・電流をそのまま未知変数とする解析法よりも、"対称座標法" と呼ばれる変数変換を行う解析法が使われることが多い。この対称座標法について調べてみよう。

【課題 7.3】 3個の円形コイルを 120° ずつずらして配置し、これに対称3相電流を流すと、中心に "回転磁界" ができる。誘導電動機などはこの回転磁界により運転されている。回転磁界について調べてみよう。

演習問題

7.1 Y形対称3相電源の相電圧が次式（瞬時値）で与えられたとする。

$$e_a(t)=2\cos 50t, \quad e_b(t)=2\cos\left(50t-\frac{2\pi}{3}\right), \quad e_c(t)=2\cos\left(50t-\frac{4\pi}{3}\right)$$

(1) 相電圧の複素数表示 E_a, E_b, E_c を求めよ。

(2) 線間電圧 V_{ab}, V_{bc}, V_{ca} の瞬時値 $v_{ab}(t), v_{bc}(t), v_{ca}(t)$ を求めよ。また、その波形を描け。

(3) この電源に $Z=100+j100$ のY形対称3相負荷を接続した。そのときの線電流 I_a の瞬時値 $i_a(t)$ を求め、その波形を描け。

7.2 問図 **7.1** の3相負荷を、相電圧が式 (7.2) のY形対称3相電源に接続したとき

(1) 線電流 I_a, I_b, I_c を求めよ。

(2) I_a の E_a に対する位相差が $-45°$ になる条件を求めよ。

(3) 負荷全体の有効電力 P_e を求めよ。

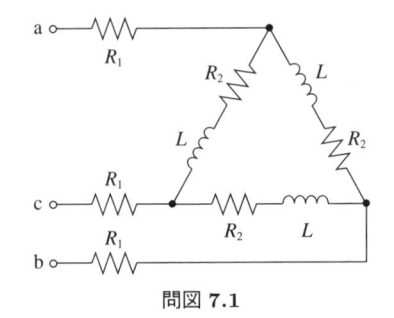

問図 **7.1**　　　　　　　　　　　問図 **7.2**

7.3 問図 **7.2** の3相負荷を、相電圧が式 (7.2) の

(1) Δ形対称3相電源に接続したとき、負荷全体の有効電力 P_Δ を求めよ。

(2) Y形対称3相電源に接続したとき、負荷全体の有効電力 P_Y を求めよ。

7.4 問図 **7.3** (a) の3相負荷に Δ–Y 変換を施し、図 (b) の形に変形した。

(1) Z_1, Z_2, Z_3 の値はおのおのいくらになるか。

(2) 線間電圧が実効値で 100 V の対称3相電源に接続したとき、4 A の線電流（実効値）が流れた。R の値はいくらか。

(3) 同じ Z_1, Z_2, Z_3 を Δ 形に接続した負荷に同じ電源を接続したとき、流れる線電流（実効値）はいくらか。

(4) おのおのの接続における負荷全体の有効電力はいくらか。

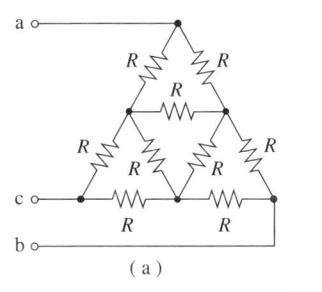

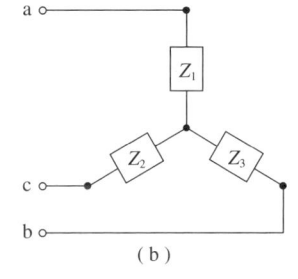

問図 7.3

7.5 問図 7.4 の 3 相負荷を, 線間電圧 E (実効値) の対称 3 相電源に接続した.
(1) 線電流 I_a, I_b を求めよ.
(2) 電力計の示す値 P_{e1}, P_{e2} を求め, 負荷全体の有効電力 P_e を求めよ.

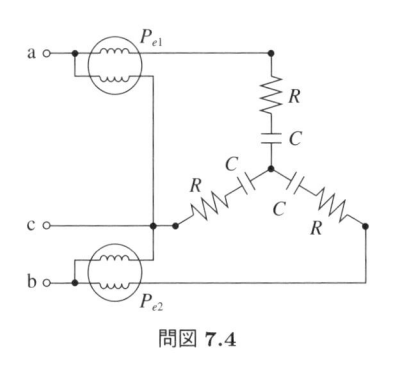

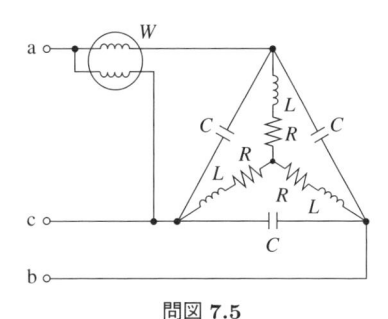

問図 7.4　　　問図 7.5

7.6 問図 7.5 の 3 相負荷を, 線間電圧 E (実効値) の対称 3 相電源に接続した.
(1) 負荷の力率が 1 となる C の値を求め, そのときの線電流 I_a を求めよ.
(2) 電力計の示す値 W を求め, 負荷全体の有効電力 P_e を求めよ.

7.7 問図 7.6 の 3 相負荷を, 相電圧が式 (7.2) の Y 形対称 3 相電源に接続したとき
(1) 負荷の中性点の電圧 V_N を求め, 線電流 I_a, I_b を求めよ.
(2) 電力計の示す値 P_{e1}, P_{e2} を求め, 負荷全体の有効電力 P_e を求めよ.

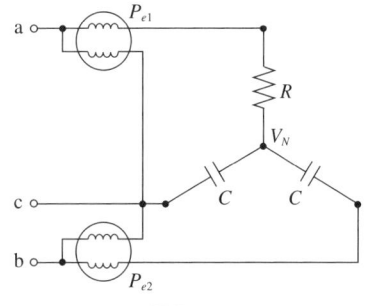

問図 7.6

7.8 問図 **7.7** の3相負荷を，相電圧が式 (7.2) のY形対称3相電源に接続したとき
(1) 負荷の中性点の電圧 V_N を求め，線電流 I_a, I_b を求めよ。
(2) 電力計の示す値 P_{e1}, P_{e2} を求め，負荷全体の有効電力 P_e を求めよ。
(3) I_a と I_b の位相差が $150°$ になる条件を求めよ。
(4) ω を 0 から ∞ に変化させると，I_a と I_b の位相差はどのように変化するか。

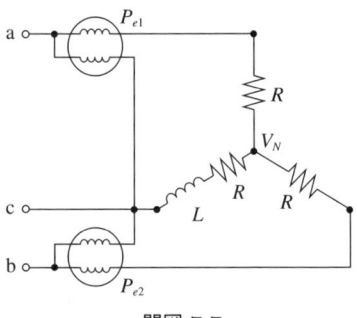

問図 **7.7**

7.9 問図 **7.8** の3相負荷 ($Z = 15 + j30\,\Omega$) を
$E_a = 40\sqrt{3} + j\,40,\quad E_b = -j\,80,\quad E_c = -40\sqrt{3} + j\,40\,\mathrm{V}$
のY形3相電源に接続したとき
(1) E_a, E_b, E_c が対称3相電源であることを示せ。
(2) 負荷に Δ–Y 変換を施し，単純なY形負荷に変換せよ。
(3) 線電流 I_a, I_b, I_c およびその実効値を求めよ。
(4) 負荷全体の有効電力 P_e を求めよ。

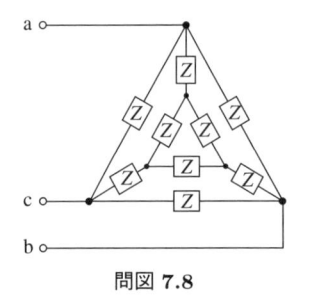

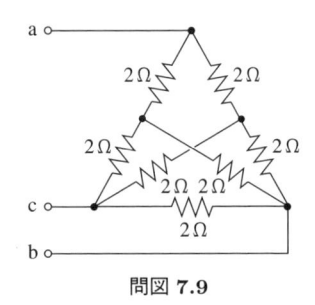

問図 **7.8**   問図 **7.9**

7.10 問図 **7.9** の3相負荷を，相電圧が式 (7.2) のY形対称3相電源に接続したとき
(1) 負荷に Δ–Y 変換を施し，単純なY形負荷に変換せよ。
(2) 負荷の中性点の電圧 V_N を求め，線電流 I_a, I_b, I_c を求めよ。
(3) 負荷全体の有効電力 P_e を求めよ。
(4) 線電流 I_a, I_b, I_c の実効値を等しくするために，a-b, a-c 間に同じ抵抗 R を並列に1本ずつ挿入することを考える。R をいくらにすればよいか。

8 分布定数回路

8.1　は　じ　め　に

　前章までに学んだ回路は，回路の素子定数が空間の1点に集中して存在すると仮定した回路素子を使って構成された回路であった．このような回路は，**集中定数回路**（lumped constant circuit）と呼ばれている．

　ところが，長距離送電線や高周波集積回路内の配線などでは，信号が線路や配線内を伝搬する時間が，信号の変化する時間に対して無視できなくなるため，素子定数の空間的な広がりを考えなければならなくなる．このように，回路定数が空間的に分布している回路素子を含む回路を**分布定数回路**（distributed constant circuit）という．

　分布定数回路の中で最も基本的かつ実用的にも重要なのは**伝送線路**（transmission line）である．伝送線路は平行に並べられた2本の導線であり，長距離送電線や高周波信号線などのモデルである．伝送線路は，空間的には1次元の広がりをもつ回路であり，比較的取扱いも簡単である．

　この章では，分布定数回路の交流理論について基本的な事項を述べる．すなわち，伝送線路の電圧や電流が

1. 時間的にみると，正弦波となる定常状態
2. 空間的にみると，線路上にできる周期的に変化している定在波

を考える．この場合，3章で考えた記号法を拡張して解析が可能となる．

166   8. 分布定数回路

8.2 伝送線路の基本事項

8.2.1 正弦波動

2.2.1 項 (1) で述べた時間関数としての三角関数を,空間あるいは時間・空間の関数と考えると,正弦波動となる。時間関数の正弦波が複素指数関数を用いると定常解析が楽になったように,正弦波動も複素化すると計算が著しく簡単になる。以下,余弦波を用いて基本的な用語と関係式をみておこう。

(1) 時間的な正弦波　　まず,時刻 t の関数としての余弦波は,2 章の式 (2.1) より

$$z(t) = A_m \cos(\omega t + \phi) \tag{8.1}$$

となる。また,これに対応する複素指数関数は

$$z(t) = A_m e^{j(\omega t + \phi)} \tag{8.2}$$

である。どちらの関数も 2 回微分するとわかるように,次の単振動の微分方程式を満足する。

$$\frac{d^2 z(t)}{dt^2} = -\omega^2 z(t) \tag{8.3}$$

(2) 空間的な正弦波　　次に,直線上の点を表す空間座標を x とすると,x の関数としての余弦波は,式 (8.1) と同様に

$$z(x) = A_m \cos(\beta x + \phi) \tag{8.4}$$

と書ける。また,これに対応する複素指数関数は

$$z(x) = A_m e^{j(\beta x + \phi)} \tag{8.5}$$

である。ここで,β は**位相定数**(phase constant)であり

$$\beta \lambda = 2\pi \tag{8.6}$$

を満足する長さ λ は**波長**(wave length)である。また

$$\beta = 2\pi k \tag{8.7}$$

を満たす k は**波数**(wave number)と呼ばれている。k は,式 (8.4) の波の単位長さ当りにみられる山(余弦波の最大値)の数を表している。位相定数 β,波長 λ および波数 k は,それぞれ時間波形の角周波数 ω,周期 T および周波数 f に対応している。

式 (8.4), (8.5) どちらの関数も,x で 2 回微分すると分かるように,次の時間を含まない波動方程式を満足する。

$$\frac{d^2 z(x)}{dx^2} = -\beta^2 z(x) \tag{8.8}$$

(3) 時間・空間的な正弦波 時刻 t と空間座標 x の関数としての余弦波は,式 (8.1), (8.4) と同様に

$$z(t,x) = A_m \cos(\omega t - \beta x + \phi) \tag{8.9}$$

と書ける。また,これに対応する複素指数関数は

$$z(t,x) = A_m\, e^{j(\omega t - \beta x + \phi)} = A_m\, e^{j\phi} e^{j\omega t} e^{-j\beta x} \tag{8.10}$$

である。どちらの関数も 2 回微分すると

$$\frac{\partial^2 z(t,x)}{\partial t^2} = -\omega^2 z(t,x), \quad \frac{\partial^2 z(t,x)}{\partial x^2} = -\beta^2 z(t,x)$$

となる。これらの関係式から,$z(t,x)$ は,次の波動方程式を満足する。

$$\frac{\partial^2 z(t,x)}{\partial t^2} = \left(\frac{\omega}{\beta}\right)^2 \frac{\partial^2 z(t,x)}{\partial x^2} \tag{8.11}$$

(4) 進行波と定在波 式 (8.9) あるいは式 (8.10) の余弦波は,山(振幅が最大となる位相)や谷(振幅が最小となる位相)が時間の経過とともに x 軸上を右(x の正の方向)に向かって移動する。すなわち,位相が一定となる関係を

$$\psi_+(t,x) = \omega t - \beta x + \phi = 一定 \tag{8.12}$$

とおくと,この位相の x 軸上での時間的変化は

$$\frac{dx}{dt} = \frac{\omega}{\beta} \tag{8.13}$$

となる。すなわち，位相は式 (8.13) の速度で右に移動することがわかる。この速度を **位相速度**（phase velocity）という。このように，空間的に位相一定の部分がある速度で動く波を **進行波**（traveling wave）という。

一方，空間的に位相が右にも左にも動かず静止し，波の振幅が場所の関数となり周期的に変化している場合がある。このような波動を **定在波**（standing wave）という。

8.2.2 伝送線路の回路方程式とその一般解

（1） 伝送線路の定常解析と記号法の適用　図 **8.1** に，伝送線路を含む最も基本的な 1 次元分布定数回路を示す。

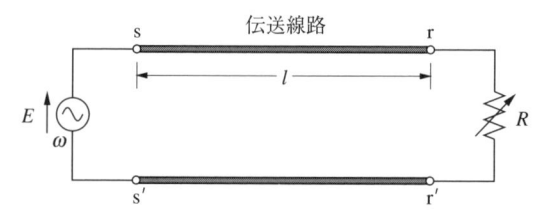

図 **8.1**　伝送線路を含む基本的な回路

伝送線路は，左端の入力端 s-s′ から右端の出力端 r-r′ に向かって 1 次元的にのびる有限長さ l [m] の一様な線路である。この空間座標を x 軸と考え，入力端 s-s′ を原点 $x=0$ とし，出力端 r-r′ に向かって正の方向を定める。すると，伝送線路の電圧や電流は，時間 t のみならず，線路上の位置 x の関数となり，これらはそれぞれ，$v(t,x)$, $i(t,x)$ と書ける。

さて，入力端に交流電圧源 $E\,e^{j\omega t}$ をつないで，十分時間が経過した定常状態を考えると，線路電圧や電流も時間関数としては正弦波となる。すなわち

$$\left.\begin{array}{l} v(t,x) = V(x)\,e^{j\omega t} \\ i(t,x) = I(x)\,e^{j\omega t} \end{array}\right\} \tag{8.14}$$

と仮定でき，この分布定数回路にも 3 章で述べた記号法が適用できる。したがって，以下，本章では式 (8.14) に現れる線路上の位置の関数としての電圧 $V(x)$ や電流 $I(x)$ を記号法で計算することにしよう。

（2） 伝送線路の回路方程式　　伝送線路上のごくわずかな 2 点間 dx は，図 **8.2** に示される集中定数回路でモデル化できる。ただし，モデル化された回路の素子値は，以下に示す線路の単位長さ当たりの素子値（線路パラメータ）に微小区間長 dx を掛けた値である。

$R\ [\Omega/\mathrm{m}]$：単位長さ当りの抵抗
$L\ [\mathrm{H/m}]$：単位長さ当りのインダクタンス
$C\ [\mathrm{F/m}]$：単位長さ当りのキャパシタンス
$G\ [\mathrm{S/m}]$：単位長さ当りの漏れコンダクタンス

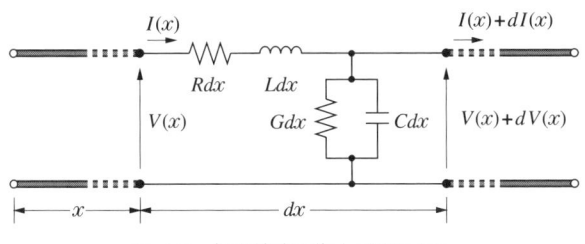

図 **8.2**　伝送線路の微小区間モデル

さて，伝送線路上の電圧と電流が式 (8.14) の正弦波である場合，この微小区間の回路方程式は複素数表示を用いると

$$V(x) - (Rdx + j\omega L dx)\,I(x) = V(x) + dV(x)$$
$$I(x) - (Gdx + j\omega C dx)\,(V(x) + dV(x)) = I(x) + dI(x)$$

と書け，微小量 $dV(x)dx$ を無視して整理すると

$$\left.\begin{aligned}\frac{dV(x)}{dx} &= -(R + j\omega L)\,I(x) \\ \frac{dI(x)}{dx} &= -(G + j\omega C)\,V(x)\end{aligned}\right\} \tag{8.15}$$

を得る。式 (8.15) で，$V(x)$ あるいは $I(x)$ を消去すると

$$\left.\begin{aligned}\frac{d^2V(x)}{dx^2} &= (R+j\omega L)(G+j\omega C)V(x) \\ \frac{d^2I(x)}{dx^2} &= (R+j\omega L)(G+j\omega C)I(x)\end{aligned}\right\} \quad (8.16)$$

となり，$V(x)$ および $I(x)$ の x に関する2階の常微分方程式が得られる[†]。

（3） 回路方程式の一般解　　線路電圧と線路電流を計算しよう。まず，電圧 $V(x)$ を式 (8.16) から求めよう。$V(x)=e^{\gamma x}$ と仮定して，式 (8.16) の第1式に代入し γ の2次方程式

$$\gamma^2 = (R+j\omega L)(G+j\omega C)$$

を得る。そこで

$$\theta = \sqrt{(R+j\omega L)(G+j\omega C)} \quad (8.17)$$

とおくと，$\gamma=\pm\theta$ より，線路電圧の一般解

$$V(x) = Ae^{-\theta x} + Be^{\theta x} \quad (8.18)$$

が求まる。ただし，A と B は任意定数であり，入力端 s-s' や出力端 r-r' に接続された電源や負荷などの，線路の両端の境界条件から定められる。

次に電流 $I(x)$ を求める。式 (8.15) の第1式に式 (8.18) を代入すると

$$I(x) = \frac{1}{Z_0}(Ae^{-\theta x} - Be^{\theta x}) \quad (8.19)$$

が得られる。ここで

[†] 複素数表示を用いない場合，式 (8.15) は
$$\frac{\partial v(t,x)}{\partial x} = -\left(Ri(t,x) + L\frac{\partial i(t,x)}{\partial t}\right)$$
$$\frac{\partial i(t,x)}{\partial x} = -\left(Gv(t,x) + C\frac{\partial v(t,x)}{\partial t}\right)$$
のように偏微分方程式で表される。この式は**電信方程式**と呼ばれている。また，この方程式の解を式 (8.14) と仮定すると，式 (8.15) が得られる。
　一方，式 (8.15)，(8.16) は時間を含まない電信方程式と呼ばれている。

$$Z_0 = \sqrt{\frac{R+j\omega L}{G+j\omega C}} \tag{8.20}$$

は，インピーダンスの次元をもつ定数である。

以上より，線路電圧と電流は，二つの線路定数 θ と Z_0 で特徴づけられる。

1. θ は**伝搬定数**（propagation constant）と呼ばれ，実部と虚部に分け

$$\theta = \alpha + j\beta \tag{8.21}$$

と表すとき，α を**減衰定数**（attenuation constant），β を**位相定数**（phase constant）という。減衰定数の単位は Np/m[†]，位相定数の単位は rad/m である。

2. Z_0 は伝送線路の**特性インピーダンス**（characteristic impedance）と呼ばれ，実部と虚部に分け

$$Z_0 = R_0 + jX_0 \tag{8.22}$$

と表すとき，R_0 を特性抵抗，X_0 を特性リアクタンスという。

【**課題 8.1**】 式 (8.17) を式 (8.21) の形に変形し，伝搬定数 θ の実部 α と虚部 β を求めてみよう。

【**課題 8.2**】 同様に，式 (8.20) を式 (8.22) の形に変形し，特性インピーダンス Z_0 の実部 R_0 と虚部 X_0 を求めてみよう。

[†] Np はネーパ（neper）と読み，振幅比を $\log_e$ で測る際の減衰を表す単位。
振幅比を A とすると，ネーパでは $\alpha_{Np} = \log_e A$
デシベル（dB：96 ページ参照）では $\alpha_{dB} = 20\log_{10} A$
となり，dB と Np の間には
$$\alpha_{dB} = 20\log_{10} e^{\alpha_{Np}} = 20\alpha_{Np}\log_{10} e \fallingdotseq 8.686\,\alpha_{Np}$$
の関係が成り立つ。すなわち，1 Np は 8.686 dB である。

8.2.3　いくつかの伝送線路

伝送線路は，伝搬定数と特性インピーダンスで特徴づけられる。ここでいくつかの特別な線路を定義しておく。

（1）無損失線路　$R=G=0$ を満たす線路を**無損失線路**（lossless line）という。このとき

$$\theta = j\omega\sqrt{LC}, \quad Z_0 = \sqrt{\dfrac{L}{C}} \tag{8.23}$$

となり，線路電圧や電流は正弦波状に分布する。

（2）無ひずみ線路　線路定数が $\dfrac{L}{R}=\dfrac{C}{G}$ を満たす線路を**無ひずみ線路**という。伝搬定数は

$$\theta = \sqrt{RG} + j\omega\sqrt{LC} \tag{8.24}$$

となり，減衰定数が $\alpha=\sqrt{RG}$ と周波数 ω に無関係となる。また，位相定数 $\beta=\omega\sqrt{LC}$ と周波数に比例する。したがって，位相速度は $dx/dt = 1/\sqrt{LC}$ となり，線路上の信号は周波数に無関係な速さで伝搬する。このことから種々の周波数をもつ信号もひずむことなく伝搬できる。特性インピーダンスは

$$Z_0 = \sqrt{\dfrac{L}{C}} = \sqrt{\dfrac{R}{G}} \tag{8.25}$$

となり，無損失線路と同様に純抵抗となる。

（3）無限長線路　線路長 l が無限大である伝送線路は**無限長線路**と呼ばれる。このとき，式 (8.18), (8.19) で $x\to\infty$ の場合でも電圧や電流が有限の値をとるためには，任意定数 B は 0 でなければならない。したがって，無限長線路では

$$\left.\begin{array}{l} V(x) = Ae^{-\theta x} \\ I(x) = \dfrac{1}{Z_0}Ae^{-\theta x} \end{array}\right\} \tag{8.26}$$

となる。

また，$\theta = \alpha + j\beta$ であるから

$$v(t) = \text{Re}\left[V(x)\,e^{j\omega t}\right] = |A|\,e^{-\alpha x}\cos(\omega t - \beta x + \angle A)$$

となり，$v(t)$ は位相速度 $dx/dt = \omega/\beta$ で x の正の方向に進む進行波である。

例題 8.1 ある無ひずみ線路の線路パラメータのうち，R, L, C の値が $R = 0.01\,\Omega/\text{m}$，$L = 3.0\,\mu\text{H/m}$，$C = 0.12\,\mu\text{F/m}$ であるという。G の値を求めよ。また，この線路の周波数 $f = 100\,\text{Hz}$ における減衰定数 α，位相定数 β と特性インピーダンス Z_0 を求めよ。

【解答】 無ひずみ条件 $\dfrac{L}{R} = \dfrac{C}{G}$ より

$$\begin{aligned}
G &= \frac{RC}{L} \\
&= \frac{0.01 \times 0.12 \times 10^{-6}}{3.0 \times 10^{-6}} \\
&= 4.0 \times 10^{-4}\,\text{S/m}
\end{aligned}$$

減衰定数，位相定数，特性インピーダンスは式 (8.24), (8.25) より

$$\begin{aligned}
\alpha &= \sqrt{RG} \\
&= \sqrt{0.01 \times 0.4 \times 10^{-3}} \\
&= 2 \times 10^{-3}\,\text{Np/m}
\end{aligned}$$

$$\begin{aligned}
\beta &= \omega\sqrt{LC} \\
&= 2\pi \times 100\sqrt{3.0 \times 10^{-6} \times 0.12 \times 10^{-6}} \\
&= 1.2\pi \times 10^{-4}\,\text{rad/m}
\end{aligned}$$

$$Z_0 = \sqrt{\frac{L}{C}} = \sqrt{\frac{3.0 \times 10^{-6}}{0.12 \times 10^{-6}}} = 5.0\,\Omega$$

と計算することができる。 ◇

8.3 伝送線路の解析

前節で求めた伝送線路上の電圧と電流は，境界条件を与えると一意的に決定できる。端子条件を境界条件とした場合の例を考えよう。

8.3.1 伝送線路上の電圧と電流

図 8.3 の回路を用いて考えてみる。

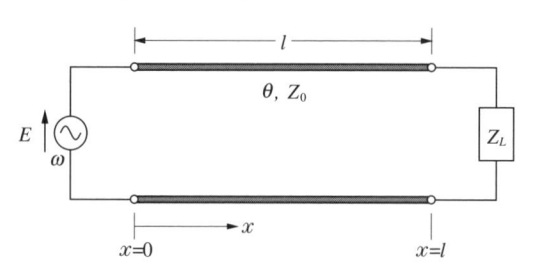

図 8.3 伝送線路を含む回路

伝送線路の入力端（$x=0$）の電圧は E であり，また，出力端（$x=l$）ではインピーダンス Z_L が接続されているので

$$\left.\begin{array}{l} V(0) = E \\ V(l) = Z_L\, I(l) \end{array}\right\} \tag{8.27}$$

が成り立つ。これを式 (8.18), (8.19) に代入すると

$$\left.\begin{array}{l} E = A + B \\ A\, e^{-\theta l} + B\, e^{\theta l} = \dfrac{Z_L}{Z_0}\left(A\, e^{-\theta l} - B\, e^{\theta l}\right) \end{array}\right\} \tag{8.28}$$

となり，これより

$$\left.\begin{array}{l} A = \dfrac{(Z_0 + Z_L)\, e^{\theta l}}{(Z_0 + Z_L)\, e^{\theta l} - (Z_0 - Z_L)\, e^{-\theta l}}\, E \\[2mm] B = \dfrac{-(Z_0 - Z_L)\, e^{-\theta l}}{(Z_0 + Z_L)\, e^{\theta l} - (Z_0 - Z_L)\, e^{-\theta l}}\, E \end{array}\right\} \tag{8.29}$$

が得られる。

したがって，線路上の電圧と電流は

$$\left.\begin{array}{l}V(x) = \dfrac{(Z_0+Z_L)\,e^{\theta(l-x)} - (Z_0-Z_L)\,e^{-\theta(l-x)}}{(Z_0+Z_L)\,e^{\theta l} - (Z_0-Z_L)\,e^{-\theta l}}\,E \\[2mm] I(x) = \dfrac{1}{Z_0}\dfrac{(Z_0+Z_L)\,e^{\theta(l-x)} + (Z_0-Z_L)\,e^{-\theta(l-x)}}{(Z_0+Z_L)\,e^{\theta l} - (Z_0-Z_L)\,e^{-\theta l}}\,E\end{array}\right\} \quad (8.30)$$

と記述される．この式を指数関数と双曲線関数の関係式[†1]を用いて書き直すと

$$\left.\begin{array}{l}V(x) = \dfrac{Z_L\cosh\theta(l-x) + Z_0\sinh\theta(l-x)}{Z_L\cosh\theta l + Z_0\sinh\theta l}\,E \\[2mm] I(x) = \dfrac{1}{Z_0}\dfrac{Z_0\cosh\theta(l-x) + Z_L\sinh\theta(l-x)}{Z_L\cosh\theta l + Z_0\sinh\theta l}\,E\end{array}\right\} \quad (8.31)$$

が得られる．さらに，無損失線路では $\theta=j\beta$ であり，双曲線関数と三角関数の関係式[†2]を用いると

$$\left.\begin{array}{l}\hat{V}(x) = \dfrac{Z_L\cos\beta(l-x) + jZ_0\sin\beta(l-x)}{Z_L\cos\beta l + jZ_0\sin\beta l}\,E \\[2mm] \hat{I}(x) = \dfrac{1}{Z_0}\dfrac{Z_0\cos\beta(l-x) + jZ_L\sin\beta(l-x)}{Z_L\cos\beta l + jZ_0\sin\beta l}\,E\end{array}\right\} \quad (8.32)$$

が得られる[†3]．

式 (8.32) は無損失線路上の電圧と電流が位置 x に関して正弦波状に分布していることを示している．その波長 λ は次式で与えられる．

$$\lambda = \dfrac{2\pi}{\beta} \quad (8.33)$$

式 (8.31) より図 8.3 の伝送線路上の x の点から出力端方向をみたインピーダンス $Z(x)$ は

$$Z(x) = \dfrac{V(x)}{I(x)} = Z_0\dfrac{Z_L\cosh\theta(l-x) + Z_0\sinh\theta(l-x)}{Z_0\cosh\theta(l-x) + Z_L\sinh\theta(l-x)} \quad (8.34)$$

[†1] $e^{\theta x} = \cosh\theta x + \sinh\theta x$, $\quad e^{-\theta x} = \cosh\theta x - \sinh\theta x$
[†2] $\cosh j\beta x = \cos\beta x$, $\quad \sinh j\beta x = j\sin\beta x$
[†3] 本節では，読者のミスを避けるために無損失線路の電圧や電流を表す際に $\hat{V}$ や $\hat{I}$ の記号を用いる．

で表すことができる。無損失線路の場合は式 (8.32) より

$$\hat{Z}(x) = \frac{\hat{V}(x)}{\hat{I}(x)} = Z_0 \frac{Z_L \cos\beta(l-x) + jZ_0 \sin\beta(l-x)}{Z_0 \cos\beta(l-x) + jZ_L \sin\beta(l-x)} \tag{8.35}$$

となる。

特に，入力端からみたインピーダンス Z_{in} は式 (8.34) に $x=0$ を代入し

$$Z_{in} = Z(0) = Z_0 \frac{Z_L \cosh\theta l + Z_0 \sinh\theta l}{Z_0 \cosh\theta l + Z_L \sinh\theta l} \tag{8.36}$$

となる。無損失線路の場合は式 (8.35) に $x=0$ を代入し

$$\hat{Z}_{in} = \hat{Z}(0) = Z_0 \frac{Z_L \cos\beta l + jZ_0 \sin\beta l}{Z_0 \cos\beta l + jZ_L \sin\beta l} \tag{8.37}$$

である。伝送線路の入力インピーダンスは線路の長さ l により変えることができることに注意しよう。一例として，無損失線路において $Z_L=0$ すなわち出力端を短絡した場合の入力インピーダンスを考えてみよう（図 **8.4**）。式 (8.37) に $Z_L=0$ を代入すれば次式が得られ

$$\hat{Z}_{in} = jZ_0 \frac{\sin\beta l}{\cos\beta l} = jZ_0 \tan\beta l$$

- $\sin\beta l=0$ となる長さ $\beta l=n\pi$ $(n=0,1,2,\cdots)$ で $|\hat{Z}_{in}|=0$
- $\cos\beta l=0$ となる長さ $\beta l=\dfrac{\pi}{2}+n\pi$ $(n=0,1,2,\cdots)$ で $|\hat{Z}_{in}|=\infty$

となる。$|\hat{Z}_{in}|=0$ の場合を共振，$|\hat{Z}_{in}|=\infty$ の場合を反共振といい，この例では l を変化させると $\hat{Z}_{in}$ の共振と反共振が $\dfrac{\pi}{2\beta}$ 間隔で交互に繰り返される。

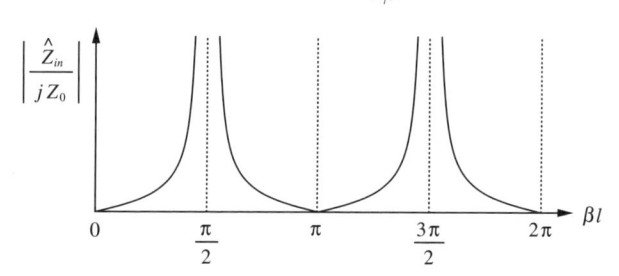

図 **8.4** 出力端を短絡した無損失線路における入力インピーダンスの変化

8.3 伝送線路の解析

例題 8.2 図 8.5 のように，2 組みの異なる無損失伝送線路を縦続接続し，抵抗 R で終端した．線路長 l_1, l_2 が各線路の波長 λ_1, λ_2 の 3/4 に等しいとき，入力インピーダンス $\hat{Z}_{in}$ を求めよ．

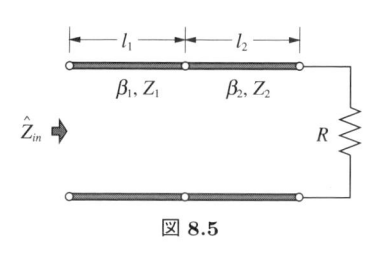

図 8.5

【解答】 まず，線路長は波長の 3/4 なので
$$l_1 = \frac{3\lambda_1}{4} = \frac{3\pi}{2\beta_1}, \quad l_2 = \frac{3\lambda_2}{4} = \frac{3\pi}{2\beta_2}$$
と式 (8.33) より求まる．

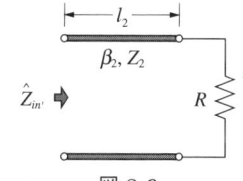

次に，図 8.6 の入力インピーダンス $\hat{Z}_{in'}$ を求める．式 (8.37) に $\beta = \beta_2$, $Z_0 = Z_2$, $Z_L = R$, $l = 3\pi/(2\beta_2)$ を代入し

図 8.6

$$\hat{Z}_{in'} = Z_2 \frac{R\cos\{\beta_2 \cdot 3\pi/(2\beta_2)\} + jZ_2\sin\{\beta_2 \cdot 3\pi/(2\beta_2)\}}{Z_2\cos\{\beta_2 \cdot 3\pi/(2\beta_2)\} + jR\sin\{\beta_2 \cdot 3\pi/(2\beta_2)\}}$$

$$= Z_2 \frac{R\cos(3\pi/2) + jZ_2\sin(3\pi/2)}{Z_2\cos(3\pi/2) + jR\sin(3\pi/2)}$$

$$= Z_2 \frac{R \times 0 + jZ_2 \times (-1)}{Z_2 \times 0 + jR \times (-1)}$$

$$= \frac{Z_2^2}{R}$$

である．

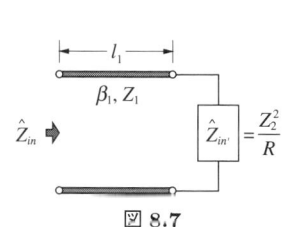

したがって，図 8.5 は図 8.7 と等価になり，入力インピーダンス $\hat{Z}_{in}$ は先の $\hat{Z}_{in'}$ の計算と同様に

図 8.7

$$\hat{Z}_{in} = Z_1 \frac{\hat{Z}_{in'}\cos\{\beta_1 \cdot 3\pi/(2\beta_1)\} + jZ_1\sin\{\beta_1 \cdot 3\pi/(2\beta_1)\}}{Z_1\cos\{\beta_1 \cdot 3\pi/(2\beta_1)\} + j\hat{Z}_{in'}\sin\{\beta_1 \cdot 3\pi/(2\beta_1)\}}$$

$$= Z_1 \frac{\hat{Z}_{in'}\cos(3\pi/2) + jZ_1\sin(3\pi/2)}{Z_1\cos(3\pi/2) + j\hat{Z}_{in'}\sin(3\pi/2)}$$

$$= Z_1 \frac{\hat{Z}_{in'} \times 0 + jZ_1 \times (-1)}{Z_1 \times 0 + j\hat{Z}_{in'} \times (-1)}$$

$$= \frac{Z_1^2}{\hat{Z}_{in'}} = R\left(\frac{Z_1}{Z_2}\right)^2$$

と求められる． ◇

例題 8.3 図 **8.8** のように，75 Ω の抵抗で終端された長さ 3 m，位相定数 π，特性インピーダンス 50 Ω の無損失伝送線路に，実効値 4 V，内部抵抗 25 Ω の電圧源を接続した。線路の入力端からみたインピーダンス $\hat{Z}_{in}$ と線路の入力端の電圧 $\hat{V}(0)$ を求めよ。また，伝送線路上の電圧の実効値の最大値と最小値，さらにそれらの生じる位置を求めよ。

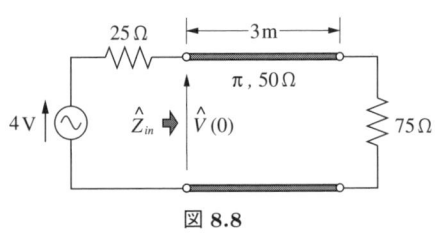

図 **8.8**

【解答】 線路の入力端からみたインピーダンスは，式 (8.37) に $Z_L = 75$, $l = 3$, $\beta = \pi$, $Z_0 = 50$ を代入し

$$\hat{Z}_{in} = 50 \frac{75\cos 3\pi + j50\sin 3\pi}{50\cos 3\pi + j75\sin 3\pi} = 75\,\Omega$$

を得る。したがって，図 8.8 は図 **8.9** と等価になり，線路の入力端の電圧は

$$\hat{V}(0) = \frac{75}{25+75} \times 4 = 3\,\text{V}$$

となる。

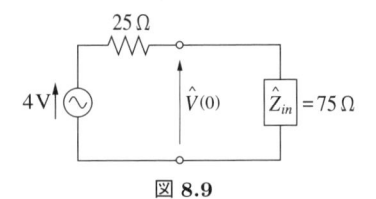

図 **8.9**

次に，線路上の電圧は式 (8.32) を用いて

$$\hat{V}(x) = \frac{75\cos(3-x)\pi + j50\sin(3-x)\pi}{75\cos 3\pi + j50\sin 3\pi} \times 3$$
$$= -3\cos(3-x)\pi - j2\sin(3-x)\pi$$

となる。式 (8.32) の E は線路の入力端の電圧であることに注意しよう。この電圧の実効値 $|\hat{V}(x)|$ は

$$|\hat{V}(x)| = \sqrt{9\cos^2(3-x)\pi + 4\sin^2(3-x)\pi} = \sqrt{4 + 5\cos^2(3-x)\pi}$$

となるので，最大値と最小値は $\cos^2(3-x)\pi$ の値がそれぞれ 1 または 0 になるときであり，まとめると以下のようになる。

最大値　3 V　（$x = 0, 1, 2, 3$ m のとき）
最小値　2 V　（$x = 0.5, 1.5, 2.5$ m のとき）

◇

8.3.2 いくつかの特別な負荷の場合

次に,図 8.3 で Z_L が特殊な値をとる場合について考えてみよう.

（1） 出力端短絡　　出力端を短絡するということは出力端の負荷 Z_L が 0 の場合を考えればよいので,式 (8.31),(8.34) に $Z_L=0$ を代入し

$$\left.\begin{aligned} V(x) &= \frac{\sinh\theta(l-x)}{\sinh\theta l}E \\ I(x) &= \frac{\cosh\theta(l-x)}{Z_0\sinh\theta l}E \\ Z(x) &= Z_0\tanh\theta(l-x) \end{aligned}\right\} \tag{8.38}$$

無損失線路では,式 (8.32),(8.35) に $Z_L=0$ を代入して

$$\left.\begin{aligned} \hat{V}(x) &= \frac{\sin\beta(l-x)}{\sin\beta l}E \\ \hat{I}(x) &= -j\frac{\cos\beta(l-x)}{Z_0\sin\beta l}E \\ \hat{Z}(x) &= jZ_0\tan\beta(l-x) \end{aligned}\right\} \tag{8.39}$$

が得られる.

（2） 出力端開放　　出力端を開放するということは出力端の負荷 Z_L が ∞ の場合を考えればよいので,式 (8.31),(8.34) に $Z_L=\infty$ を代入し

$$\left.\begin{aligned} V(x) &= \frac{\cosh\theta(l-x)}{\cosh\theta l}E \\ I(x) &= \frac{\sinh\theta(l-x)}{Z_0\cosh\theta l}E \\ Z(x) &= Z_0\coth\theta(l-x) \end{aligned}\right\} \tag{8.40}$$

無損失線路では,式 (8.32),(8.35) に $Z_L=\infty$ を代入し

$$\left.\begin{aligned}\hat{V}(x) &= \frac{\cos\beta(l-x)}{\cos\beta l}E \\ \hat{I}(x) &= j\frac{\sin\beta(l-x)}{Z_0\cos\beta l}E \\ \hat{Z}(x) &= -jZ_0\cot\beta(l-x)\end{aligned}\right\} \quad (8.41)$$

が得られる。

(3) 整　　合　　式 (8.30) に $Z_L = Z_0$ を代入すると

$$\left.\begin{aligned}V(x) &= e^{-\theta x}E \\ I(x) &= \frac{1}{Z_0}e^{-\theta x}E\end{aligned}\right\} \quad (8.42)$$

となる。この結果は，前節の無限長線路で得られたものと同様のものである。このように，出力端に伝送線路の特性インピーダンス Z_0 と等しいインピーダンス $Z_L = Z_0$ を接続することを**整合** (matching) という。また，式 (8.42) より

$$Z(x) = \frac{V(x)}{I(x)} = Z_0 \quad (8.43)$$

であり，整合している線路の入力インピーダンスは線路の長さにかかわらず線路の特性インピーダンス Z_0 と同じになることがわかる。

【課題8.3】　式 (8.39)，(8.41) の各式を x の関数としてグラフに描き，それぞれのグラフの意味を考えてみよう。

【課題8.4】　本節では特別な負荷として短絡や開放の場合を考察した。そこで，無損失線路に以下の一般的な負荷

　　(1) $Z_L = j\omega L$，　(2) $Z_L = \dfrac{1}{j\omega C}$，　(3) $Z_L = R$

を接続した場合を考え，式 (8.32)，(8.35) から $\hat{V}(x), \hat{I}(x), \hat{Z}(x)$ を求め，先の課題と同様な考察を行ってみよう。

例題 8.4 特性インピーダンスがそれぞれ Z_{01}, Z_{02}, Z_{03} で，線路の波長が共に λ である無損失伝送線路を使って，図 8.10 に示すような回路を作成したところ，電源側からみて整合がとれたという。R_L と C_L が満たす条件を求めよ。

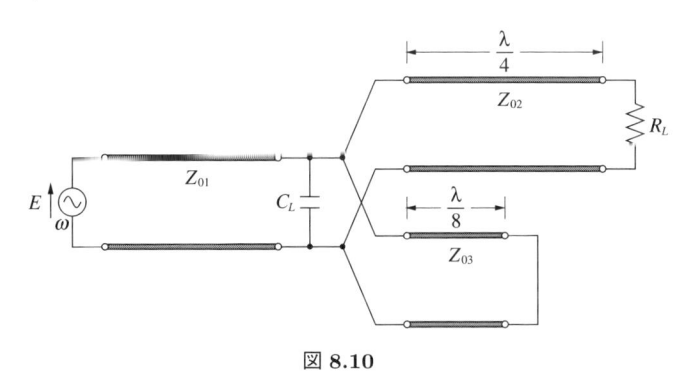

図 8.10

【解答】 電源に接続された線路の出力端から負荷側をみたインピーダンス，すなわち C_L を含む回路右側のインピーダンスは

(1) R_L で終端された線路のインピーダンス：式 (8.33), (8.37) より

$$Z_{02} \frac{R_L \cos \frac{2\pi}{\lambda}\frac{\lambda}{4} + jZ_{02}\sin\frac{2\pi}{\lambda}\frac{\lambda}{4}}{Z_{02}\cos\frac{2\pi}{\lambda}\frac{\lambda}{4} + jR_L\sin\frac{2\pi}{\lambda}\frac{\lambda}{4}} = \frac{Z_{02}^2}{R_L}$$

(2) 出力端が短絡された線路のインピーダンス：式 (8.33), (8.39) より

$$jZ_{03}\tan\frac{2\pi}{\lambda}\frac{\lambda}{8} = jZ_{03}$$

(3) キャパシタ C_L のインピーダンス：

$$\frac{1}{j\omega C_L}$$

の並列合成インピーダンスになる。電源側からみて整合がとれたということは，このインピーダンスが線路の特性インピーダンス Z_{01} に等しくなればよいので

$$\frac{1}{Z_{01}} = \frac{R_L}{Z_{02}^2} + \frac{1}{jZ_{03}} + j\omega C_L$$

が成立すればよく，この式の実部より $R_L = \dfrac{Z_{02}^2}{Z_{01}}$，虚部より $C_L = \dfrac{1}{\omega Z_{03}}$ という条件が得られる。 ◇

演 習 問 題

8.1 出力端を開放したある無損失伝送線路の入力インピーダンスの絶対値が,線路の特性インピーダンスと等しいという。この線路の位相定数 β と線路長 l が満たす条件を求めよ。

8.2 位相定数が等しく,特性インピーダンスが $Z_0, 3Z_0$ の無損失伝送線路の出力端をそれぞれ短絡,開放し,**問図 8.1** のように接続した。線路の波長を λ, 出力端を短絡した線路の長さを $\lambda/6$ とするとき,入力インピーダンス $\hat{Z}_{in}$ が無限大になる最短の l を求めよ。

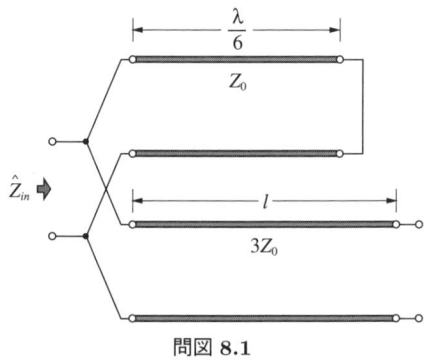

問図 8.1

8.3 特性インピーダンス $Z_0 = 150\,\Omega$, 位相定数 β の無損失伝送線路を $Z_L = -j\,150\,\Omega$ の負荷で終端した。この線路の入力インピーダンスが $0\,\Omega$ になる最小の線路長を求めよ。

8.4 特性インピーダンスが $50\,\Omega$ の無損失伝送線路の出力端にインピーダンスが Z_L の負荷を接続した。負荷から $1/4$ 波長離れた点から負荷側をみたインピーダンスを測定したところ $\hat{Z} = 400 + j300\,\Omega$ であった。Z_L を求めよ。

8.5 単位長さ当りのインダクタンスとキャパシタンスが各々 L [H/m], C [F/m] で与えられる無損失伝送線路を抵抗 R_L で終端した。入力インピーダンス $\hat{Z}_{in}$ が純抵抗となるための条件を求めよ。ただし,電源の角周波数を ω とする。

8.6 問図 8.2 のように,長さ $2l$, 位相定数 β, 特性インピーダンス Z_0 の無損失伝送線路のちょうど中央に特性インピーダンスと同じ大きさの抵抗 Z_0 を挿入し,さらに同じ抵抗 Z_0 で線路を終端した。線路の終端の電圧 $\hat{V}$ を求めよ。

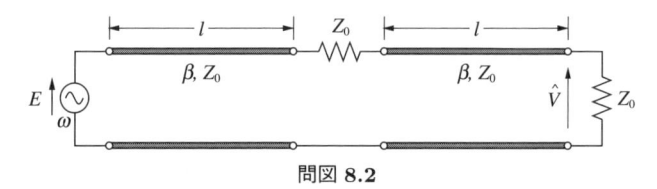

問図 8.2

付録　講義予定と理解度チェック

1. 直 流 回 路

講義予定	理解度チェック項目	○	△	×
第1週				
1.2節	抵抗の回路記号を知っている	2	1	0
	抵抗の素子特性（オームの法則）を知っている	2	1	0
	v, i, R の記号の意味と単位を知っている	2	1	0
	電力を求める式が書ける	2	1	0
	直流電圧源・電流源の回路記号を知っている	2	1	0
1.3節	抵抗の直列接続がどういう接続か知っている	2	1	0
	抵抗の並列接続がどういう接続か知っている	2	1	0
	直列接続・並列接続の合成抵抗が計算できる	2	1	0
第2週				
1.4節	キルヒホッフの電流則（KCL）を知っている	2	1	0
	節点電圧から枝電流を計算できる	2	1	0
	電流則を使って簡単な回路が解ける	2	1	0
	キルヒホッフの電圧則（KVL）を知っている	2	1	0
	枝電流から枝電圧を計算できる	2	1	0
	電圧則を使って簡単な回路が解ける	2	1	0
第3週				
1.5節	節点解析の手順を説明できる	2	1	0
	連立方程式の解き方を知っている	2	1	0
	網目解析の手順を説明できる	2	1	0
	ループ電流から枝電圧を求められる	2	1	0
	混合解析の手順を説明できる	2	1	0
	重ね合わせの理を説明できる	2	1	0
	電圧源・電流源の除去の仕方を知っている	2	1	0
第4週				
	直流回路のまとめ			
	中間テスト			

2. 交 流 回 路

講義予定	理解度チェック項目	○	△	×
第5週				
2.2.1	正弦波という言葉を知っている	2	1	0
	三角関数 sin, cos のグラフが書ける	2	1	0
	正弦波の振幅・角周波数・位相を説明できる	2	1	0
	角周波数と周波数・周期の関係式を知っている	2	1	0
	位相の進み・遅れが説明できる	2	1	0
	sin 関数を cos 関数に変換できる	2	1	0
	二つの三角関数の位相差を求められる	2	1	0
	瞬時値と実効値の違い・関係を説明できる	2	1	0
	交流電圧源・電流源の回路記号を知っている	2	1	0
	交流電源と直流電源の違いを説明できる	2	1	0
第6週				
2.2.2	抵抗という素子を知っている	2	1	0
	抵抗の回路記号や単位を知っている	2	1	0
	抵抗の v と i の特性式を書ける	2	1	0
2.2.3	キャパシタという素子を知っている	2	1	0
	キャパシタの回路記号や単位を知っている	2	1	0
	キャパシタの v と i の特性式を書ける	2	1	0
2.2.4	インダクタという素子を知っている	2	1	0
	インダクタの回路記号や単位を知っている	2	1	0
	インダクタの v と i の特性式を書ける	2	1	0
第7週				
2.3節	定常状態と過渡状態の違いを説明できる	2	1	0

(2.3節は軽く流す程度の説明にとどめ，続けて3章に進む)

3. 交流回路の解析（記号法）

講義予定	理解度チェック項目	○	△	×
第 7 週	（2.3 節からの流れを受けて，3 章の講義に進む）			
3.2 節	複素指数関数が何か知っている	2	1	0
	オイラーの公式を書ける	2	1	0
	複素数・実部・虚部・虚数単位を知っている	2	1	0
	共役複素数という言葉・意味を知っている	2	1	0
	R, L, C の複素抵抗の値を知っている	2	1	0
第 8 週				
3.3.1	記号法の解析手順を説明できる	2	1	0
	複素直流回路がどういうものか説明できる	2	1	0
	R, L, C の複素インピーダンスを知っている	2	1	0
	複素数を直角座標から極座標表示に変換できる	2	1	0
	複素数の大きさと偏角を求められる	2	1	0
	記号法を用いて交流回路が解ける	2	1	0
	記号法で得られた複素数の解を瞬時値に直せる	2	1	0
第 9 週				
3.3.2	合成複素インピーダンス Z を求められる	2	1	0
	合成複素アドミタンス Y を求められる	2	1	0
	Z や Y の大きさと偏角を求められる	2	1	0
3.3.3	交流回路に節点解析を適用し解くことができる	2	1	0
	交流回路に網目解析を適用し解くことができる	2	1	0
第 10 週				
3.4 節	瞬時電力を求める式を知っている	2	1	0
	複素電力を求める式を知っている	2	1	0
	複素電力から有効電力・無効電力を求められる	2	1	0
	複素電力から皮相電力・力率を求められる	2	1	0
第 11 週				
	交流回路のまとめ			
	中間テスト			

4. 交流回路の諸性質

講義予定	理解度チェック項目	○	△	×
第12週				
4.2節	線形回路・非線形回路の違いを説明できる	2	1	0
	時不変回路・時変回路の違いを説明できる	2	1	0
	受動回路・能動回路の違いを説明できる	2	1	0
4.3節	交流回路に対して重ね合わせの理を適用できる	2	1	0
	電力を重ね合わせで求められる	2	1	0
第13週				
4.4節	テブナンの定理を説明できる	2	1	0
	テブナン等価回路を求められる	2	1	0
	ノートンの定理を説明できる	2	1	0
	ノートン等価回路を求められる	2	1	0
	Δ–Y変換の式を覚えている	2	1	0
第14週				
4.5節	ブリッジ回路がどういうものか知っている	2	1	0
	ブリッジの平衡条件を覚えている	2	1	0
4.6節	双対回路の概念，つくり方を知っている	2	1	0
4.7節	定抵抗回路とはどういうものか説明できる	2	1	0
	共振という現象がどういうものか説明できる	2	1	0
	共振周波数の求め方を知っている	2	1	0
	フィルタ・帯域という言葉を聞いたことがある	2	1	0
4.8節	整合（マッチング）とは何か説明できる	2	1	0
	整合条件を求められる	2	1	0
	整合条件の別名を知っている	2	1	0
第15週	交流回路の諸性質のまとめ 期末テスト （ここまでが電気回路1の講義内容である 5章以降は電気回路2で講義する）			

5. 2端子対結合素子

講義予定	理解度チェック項目	○	△	×
第1週				
5.2節	1端子対素子と2端子対素子を区別できる	2	1	0
	2端子対回路の概念を理解している	2	1	0
	相反性の定義と意味を理解している	2	1	0
5.3.1	制御電圧源の回路図を知っている	2	1	0
	制御電流源の回路図を知っている	2	1	0
	制御電圧源・制御電流源を含む回路を解ける	2	1	0
第2週				
5.3.2	理想変成器の回路図を知っている	2	1	0
	理想変成器の特性式を書ける	2	1	0
	理想変成器を含む回路を解ける	2	1	0
	●印の意味と扱い方を知っている	2	1	0
	ジャイレータの回路図を知っている	2	1	0
	ジャイレータの特性式を書ける	2	1	0
	ジャイレータを含む回路を解ける	2	1	0
第3週				
5.4節	結合インダクタの回路図を知っている	2	1	0
	結合インダクタの特性式を書ける	2	1	0
	L_1, L_2, M の名称と単位を知っている	2	1	0
	結合インダクタの等価回路を知っている	2	1	0
	等価回路を使えるとき・使えないときを区別できる	2	1	0
	片方のコイルの極性が異なるときにも対応できる	2	1	0
	結合インダクタを含む回路を解ける	2	1	0

6. 2端子対回路の特性行列と接続

講義予定		理解度チェック項目	○	△	×
第4週					
	6.2.1	2端子対回路とはどういうものか知っている	2	1	0
		インピーダンス行列の定義式を書ける	2	1	0
		Z 行列の各パラメータを求められる	2	1	0
		相反性をもつ回路の意味と性質を知っている	2	1	0
		左右対称な回路の性質を知っている	2	1	0
	6.2.2	アドミタンス行列の定義式を書ける	2	1	0
		Y 行列の各パラメータを求められる	2	1	0
第5週					
	6.2.3	4端子行列の定義式を書ける	2	1	0
		電流 I_2 の向きが逆になることを知っている	2	1	0
		F 行列の各パラメータを求められる	2	1	0
		相反および左右対称な回路の性質を知っている	2	1	0
	6.2.4	Z, Y, F 行列の各パラメータを変換できる	2	1	0
	6.3.1	縦続接続の接続方法を知っている	2	1	0
		基本回路（Z形, Y形）の F 行列を知っている	2	1	0
第6週					
	6.3.1	結合インダクタの F 行列を知っている	2	1	0
		理想変成器の F 行列を知っている	2	1	0
		ジャイレータの F 行列を知っている	2	1	0
		縦続接続を用いて回路の F 行列を求められる	2	1	0
	6.3.2	直列接続の接続方法を知っている	2	1	0
		直列接続を用いて回路の Z 行列を求められる	2	1	0
	6.3.3	並列接続の接続方法を知っている	2	1	0
		並列接続を用いて回路の Y 行列を求められる	2	1	0
第7週					
		2端子対回路のまとめ			
		中間テスト			

7. 3相交流回路

講義予定	理解度チェック項目	○	△	×
第8週				
7.2節	対称3相電源とはどういうものか知っている	2	1	0
	E_a, E_b, E_c の定義式を書ける	2	1	0
	Y形と△形の接続方法を知っている	2	1	0
	相電圧,線間電圧,線電流が何か説明できる	2	1	0
	相電圧と線間電圧の関係を説明できる	2	1	0
	Y形対称3相電源を△形3相電源に変換できる	2	1	0
7.3節	対称3相負荷のY形と△形を知っている	2	1	0
7.3.1	Y形対称3相電源にY形対称3相負荷を接続した回路の解き方を知っている	2	1	0
第9週				
7.3.2	△形対称3相電源に△形対称3相負荷を接続した回路の解き方を知っている	2	1	0
	負荷の△-Y変換の式を知っている	2	1	0
7.4節	非対称3相負荷がどういうものか知っている	2	1	0
7.4.1	Y形対称3相電源にY形非対称3相負荷を接続した回路の解き方を知っている	2	1	0
7.4.2	△形対称3相電源に△形非対称3相負荷を接続した回路の解き方を知っている	2	1	0
第10週				
7.5節	3相交流回路の複素電力の式を書ける	2	1	0
7.5.1	複素電力から有効電力や無効電力を求められる	2	1	0
	負荷が対称な場合の電力の求め方を知っている	2	1	0
7.5.2	2電力計法という言葉を知っている	2	1	0
	2電力計法の複素電力の式を書ける	2	1	0
	3相交流回路の有効電力を求められる	2	1	0
第11週				
	3相交流回路のまとめ			
	中間テスト			

8. 分布定数回路

講義予定	理解度チェック項目	○	△	×
第12週				
8.1節	分布定数回路・集中定数回路が何か知っている	2	1	0
8.2.1	時間・空間的な正弦波を説明できる	2	1	0
8.2.2	伝送線路とはどういうものか知っている	2	1	0
	伝送線路の微小区間モデルを知っている	2	1	0
	伝送線路の回路方程式・一般解を記述できる	2	1	0
	伝送線路の伝搬定数を知っている	2	1	0
	伝搬定数から減衰定数と位相定数を求められる	2	1	0
	伝送線路の特性インピーダンスを知っている	2	1	0
第13週				
8.2.3	無損失線路の条件を知っている	2	1	0
	無ひずみ線路の条件を知っている	2	1	0
	無限長線路の特徴を知っている	2	1	0
8.3.1	境界条件をもつ伝送線路の電圧・電流および インピーダンスを表す式を導出できる	2	1	0
	無損失線路の電圧・電流の波長を求められる	2	1	0
	無損失線路の電圧・電流および インピーダンスを表す式を記述できる	2	1	0
第14週				
8.3.2	出力端を短絡した伝送線路の電圧・電流および インピーダンスを表す式を導出できる	2	1	0
	出力端を開放した伝送線路の電圧・電流および インピーダンスを表す式を導出できる	2	1	0
	整合の条件を知っている	2	1	0
	整合した伝送線路の特徴を知っている	2	1	0
第15週				
	分布定数回路のまとめ			
	期末テスト			

参　考　文　献

　以下，筆者らの手元にある回路の教科書を紹介させていただく．内容を参考にさせていただい教科書も多数ある．最初に，お礼と感謝の気持ちを述べておきたい．

[1] 小澤孝夫：電気回路 I, II, 昭晃堂 (1978〜1980)

[2] 柳沢　健，西原明法：基礎電気回路演習，昭晃堂 (1981)

[3] 末武国弘：基礎電気回路 1, 2, 倍風館 (1971〜1980)

[4] 檪　眞作：電気回路ノート，コロナ社 (1977)

[5] 奥村浩士：電気回路理論入門，朝倉書店 (2002)

[6] 西　哲生：電気回路，昭晃堂 (2000)

[7] 高橋秀俊：線形集中定数系論 I〜IV, 岩波書店 (1969〜1971)

　　以上の参考書は，本書と同程度かやや内容を充実した本である．[1] は筆者らの大学の電気電子工学科で長年教科書として使わせていただいた．したがって，本書もこの本の影響を大きく受けている．[2] も演習用の参考書として併用させていただいたことがある．両書には感謝したい．[3]〜[5] は，本書と同程度の難しさ（やさしさ？）で，内容の選択が異なる．[6] と併せて，本書でわからない事項をこれらの教科書から勉強するとよいであろう．[7] は線形回路の応答を中心に回路で扱われる内容がほぼすべて述べられている．時間をかけて読破するとよいであろう．

[8] 篠田庄司：回路論入門 (1)，コロナ社 (1996)

[9] C.A.Desoer and E.S.Kuh：Basic Circuit Theory, McGraw-Hill (1971)
　　松本忠訳：電気回路入門，上下，ブレイン図書 (1977)

[10] 林　重憲：交流理論と過渡現象，オーム社 (1960)

　　これらの教科書は，それぞれの事項の説明が詳しい．特に，[8] は最初の研究と考えられる文献や必読文献が多く引用されていて，本格的に勉強する人には好書であろう．

[11] 渡部　和：線形回路理論，昭晃堂 (1971)

[12] R.A.Rohrer：Circuit theory: An introduction to the state variable approach, MacGraw-Hill (1971)
　　斎藤正男，篠崎寿夫共訳：回路理論―状態変数解析入門―，学献社 (1978)

参考文献

[13] 小林邦博, 川上 博：電気回路の過渡現象, 産業図書 (1991)

[14] ポントリャーギン, 千葉克裕訳：常微分方程式, 共立出版 (1963)

　　[11],[12] は, 回路方程式をグラフ理論を用いて定式化したい人に参考となるであろう。電気回路の回路方程式を微分方程式として求めることは, 過渡現象の解析に役立つ。[13] は, 過渡現象の入門書である。本書 2 章の内容に続く勉強に役立つであろう。[14] は, 定評ある微分方程式の教科書である。本書で扱った "記号法" に関しても, 複素振幅の方法として示され, 電気回路について 16 ページ程度の説明がある。

[15] 古屋 茂：行列と行列式, 培風館 (1959)

[16] 砂田利一：行列と行列式 1, 岩波講座：現代数学への入門, 岩波書店 (1995)

[17] 神保道夫：複素関数入門, 岩波講座：現代数学への入門, 岩波書店 (1995)

　　最後に, 行列と行列式に関する参考書 2 冊と複素関数の入門書 1 冊を紹介させていただく。[15] は, 古くから読み継がれてきた名著であり, 記述もわかりやすい。5 章までの 100 ページくらいを読んでおくと, たいていのことは理解できるようになる。[16] は最近書かれた良書である。非常に読みやすく, また興味深く書かれている。できればがんばって 2 巻目も読破してほしい。本書で必要な複素関数は, 指数関数と三角関数程度である。このためには [17] の 2 章まで 50 ページ足らずの知識で十分であろう。

演習問題解答

1章 直 流 回 路

1.1 $i_1 = \dfrac{(R_2 + R_3)}{R_1R_2 + R_2R_3 + R_3R_1} E$, $\quad i_2 = \dfrac{R_3}{R_1R_2 + R_2R_3 + R_3R_1} E$

$i_3 = \dfrac{R_2}{R_1R_2 + R_2R_3 + R_3R_1} E$

1.2 $i_{R3} = \dfrac{R_2 E_1 + R_1 E_2}{R_1R_2 + R_2R_3 + R_3R_1}$, $\quad i_{R6} = \dfrac{R_5 E_1 + R_4 E_2}{R_4R_5 + R_5R_6 + R_6R_4}$

1.3 $i_a = G_a \dfrac{G_b(E_a - E_b) + G_c(E_a - E_c)}{G_a + G_b + G_c}$, $\quad i_b = G_b \dfrac{G_c(E_b - E_c) + G_a(E_b - E_a)}{G_a + G_b + G_c}$

$i_c = G_c \dfrac{G_a(E_c - E_a) + G_b(E_c - E_b)}{G_a + G_b + G_c}$

1.4 $i_a = \dfrac{R_b(E_a - E_b) + R_c(E_a - E_c)}{R_b R_c}$, $\quad i_b = \dfrac{R_c(E_b - E_c) + R_a(E_b - E_a)}{R_c R_a}$

$i_c = \dfrac{R_a(E_c - E_a) + R_b(E_c - E_b)}{R_a R_b}$

1.5 $R_a = \dfrac{G_a + G_b + G_c}{G_b G_c}$, $\quad R_b = \dfrac{G_a + G_b + G_c}{G_c G_a}$, $\quad R_c = \dfrac{G_a + G_b + G_c}{G_a G_b}$

$G_a = \dfrac{R_a + R_b + R_c}{R_b R_c}$, $\quad G_b = \dfrac{R_a + R_b + R_c}{R_c R_a}$, $\quad G_c = \dfrac{R_a + R_b + R_c}{R_a R_b}$

1.6 $\dfrac{E}{R}$

1.7 $\dfrac{(R_2 R_3 + R_2 R_4) E + R_1 R_2 R_4 J}{R_1 R_2 + R_1 R_3 + R_1 R_4 + R_2 R_3 + R_2 R_4}$

1.8 a-a′ からみた合成抵抗 $= 1.5R$, $\quad$ b-b′ からみた合成抵抗 $= R$

3章 交流回路の解析

3.1 (1) ① $\dfrac{\pi}{3}$ 進み $\quad$ ② $\dfrac{\pi}{6}$ 遅れ $\quad$ ③ $\dfrac{5\pi}{6}$ 進み

(2) ① $\dfrac{\pi}{6}$ 遅れ $\quad$ ② $\dfrac{2\pi}{3}$ 遅れ $\quad$ ③ $\dfrac{\pi}{3}$ 進み

(3) ① $e^{j(\omega t - \frac{\pi}{6})}$, 同相 $\quad$ ② $e^{j(\omega t - \frac{2\pi}{3})}$, $\dfrac{\pi}{2}$ 遅れ $\quad$ ③ $e^{j(\omega t + \frac{\pi}{3})}$, $\dfrac{\pi}{2}$ 進み

3.2 (a) $\dfrac{R(2 - \omega^2 LC) + j\omega(L + CR^2)}{-\omega^2 LC + 2j\omega CR}$ $\quad$ (b) $\dfrac{R^2(1 - \omega^2 LC) + j\omega LR}{R(2 - \omega^2 LC) + j\omega(L + CR^2)}$

3.3 (a) 20 A (b) $20\sqrt{5}$ A

3.4 $Z = \dfrac{R(1-\omega^2 LC) + j\omega(L + CR^2)}{1 - \omega^2 LC + 2j\omega CR}$, 周波数に無関係な条件 $R = \sqrt{\dfrac{L}{C}}$

3.5 $L_2 = \dfrac{R_2}{R_1} L_1$

3.6 $R_2 = \sqrt{\dfrac{L(1-\omega^2 LC)}{C}}$

3.7 $R = \dfrac{\sqrt{3}}{\omega C}$

3.8 $I_L = \dfrac{R_1 E}{R_1 R_2 - \omega^2 L_1 L_2 + j\omega(L_1 R_1 + L_1 R_2 + L_2 R_1)}$, 条件 $R_2 = \dfrac{\omega^2 L_1 L_2}{R_1}$

3.9 $\begin{bmatrix} 2G & -G & 0 \\ -G & 3G & -G \\ 0 & -G & 2G \end{bmatrix} \begin{bmatrix} V_a \\ V_b \\ V_c \end{bmatrix} = \begin{bmatrix} J \\ 0 \\ -J \end{bmatrix} \Rightarrow V_a = \dfrac{J}{2G},\ V_b = 0,\ V_c = -\dfrac{J}{2G}$

3.10 (1) $\begin{bmatrix} (G+j\omega C)(R+j\omega L)+2 & -1 \\ -1 & (G+j\omega C)(R+j\omega L)+1 \end{bmatrix} \begin{bmatrix} V_a \\ V_b \end{bmatrix} = \begin{bmatrix} E \\ 0 \end{bmatrix}$

(2) $\begin{bmatrix} R+j\omega L + \dfrac{1}{G+j\omega C} & -\dfrac{1}{G+j\omega C} \\ -\dfrac{1}{G+j\omega C} & R+j\omega L + \dfrac{2}{G+j\omega C} \end{bmatrix} \begin{bmatrix} I_c \\ I_d \end{bmatrix} = \begin{bmatrix} E \\ 0 \end{bmatrix}$

3.11 $P_e = \dfrac{R_2}{(R_1 + R_2 - \omega^2 LCR_1)^2 + \omega^2(L + CR_1 R_2)^2} E^2$

3.12 $P_e = \dfrac{R}{1 + R^2\left(\omega C - \dfrac{1}{\omega L}\right)^2} J^2$, 最大になる $R = \dfrac{1}{\omega C - \dfrac{1}{\omega L}}$

4章 交流回路の諸性質

4.1 (1) $E_0 + \dfrac{R}{\sqrt{R^2(1-\omega^2 LC)^2 + \omega^2 L^2}} E_1 \cos\left(\omega t - \tan^{-1}\dfrac{\omega L}{R(1-\omega^2 LC)}\right)$

(2) $\dfrac{R}{\sqrt{R^2(1-\omega^2 LC)^2 + \omega^2 L^2}} E_1 \cos\left(\omega t - \tan^{-1}\dfrac{\omega L}{R(1-\omega^2 LC)}\right) +$

$\dfrac{R}{\sqrt{R^2(1-4\omega^2 LC)^2 + 4\omega^2 L^2}} E_2 \cos\left(2\omega t - \tan^{-1}\dfrac{2\omega L}{R(1-4\omega^2 LC)}\right)$

4.2 $P_e = \dfrac{E_0^2}{R} + \dfrac{R E_1^2}{R^2(1-\omega^2 LC)^2 + \omega^2 L^2}$

4.3 (a) $Z_0 = \dfrac{R_1(1+j\omega CR_2)}{1+j\omega C(R_1+R_2)}, \quad J_0 = \dfrac{E}{R_1}, \quad E_0 = Z_0 J_0$

(b) $Z_0 = \dfrac{1+j\omega LG}{G(1-\omega^2 LC) + j\omega C}, \quad J_0 = \dfrac{J}{1+j\omega LG}, \quad E_0 = Z_0 J_0$

4.4 (a) $Z_a = Z_b = Z_c = \dfrac{R+j\omega L}{3}$

(b) $Z_a = Z_b = \dfrac{R}{2+3j\omega CR}, \quad Z_c = \dfrac{1+j\omega CR}{j\omega C(2+3j\omega CR)}$

(c) $Z_{ab} = \dfrac{2\omega^2 LC - 1}{j\omega^3 LC^2}, \quad Z_{bc} = Z_{ca} = \dfrac{1-2\omega^2 LC}{j\omega C}$

(d) $Z_{ab} = j\omega L(3-\omega^2 LC), \quad Z_{bc} = Z_{ca} = \dfrac{j\omega L(3-\omega^2 LC)}{1-\omega^2 LC}$

4.5 $V = \dfrac{j\omega CR}{1+j\omega CR} E$

4.6 $f = \dfrac{1}{2\pi}\sqrt{\dfrac{R_4}{R_1 L_4 C_1}}$

4.7 $R_1 = \dfrac{C_4 R_2}{C_3}, \quad C_1 = \dfrac{C_3 R_4}{R_2}$

4.8 $R_4 = \dfrac{R_2 R_3}{R_1},$

$L_4 = \dfrac{R_3 C_1}{R_1}(R_0 R_1 + R_0 R_2 + R_1 R_2)$

4.9 $Z = R + j\left(\omega L_1 + \dfrac{\omega L_2}{1-\omega^2 L_2 C}\right)$

$|I| = \dfrac{E}{\sqrt{R^2 + \left(\omega L_1 + \dfrac{\omega L_2}{1-\omega^2 L_2 C}\right)^2}}$

$Z = R + jX$ とおくと $X=0$ のとき $|Z|$ 最小, $|I|$ 最大になる。その角周波数は

$\omega_0 = 0, \quad \sqrt{\dfrac{L_1 + L_2}{L_1 L_2 C}}$

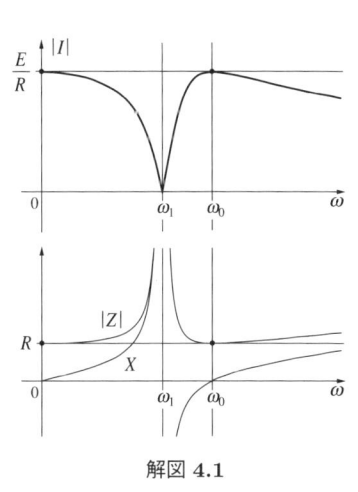

解図 4.1

そのとき，$|Z|=R$，$|I|=E/R$ となる．グラフの概形は**解図 4.1** になり，X の分母が 0 になる $\omega_1=\sqrt{1/L_2C}$ で $X=\pm\infty$，$|Z|=\infty$，$|I|=0$ になる．

4.10 (1) $R_L=R_0$，$C_L=\dfrac{L_0}{R_0^2}$ (2) $R_L=R_0$，$C_L=\dfrac{1}{\omega^2 L_0}$

5章 2端子対結合素子

5.1 $\begin{bmatrix} G_1+j\omega C_1 & -j\omega C_1 & 0 \\ -j\omega C_1(1+k) & G_2+G_3+j\omega C_1(1+k) & -G_3 \\ j\omega C_1 k & -G_3-j\omega C_1 k & G_3+j\omega C_2 \end{bmatrix}\begin{bmatrix} V_1 \\ V_2 \\ V_3 \end{bmatrix}=\begin{bmatrix} J \\ 0 \\ 0 \end{bmatrix}$

5.2 $\begin{bmatrix} G+j\omega C & -j\omega C \\ -kG-j\omega C & (2+k)G+j\omega C \end{bmatrix}\begin{bmatrix} V_1 \\ V_2 \end{bmatrix}=\begin{bmatrix} J \\ 0 \end{bmatrix}$

$I=\dfrac{kG+j\omega C}{(2+k)G+3j\omega C}J$

位相差は $\tan^{-1}\dfrac{1}{2}-\tan^{-1}\dfrac{3}{4}\;\left(=\tan^{-1}\dfrac{-2}{11}\right)$

5.3 $I_r=\dfrac{k}{(R_1+k)(R_2+r)}E$，$P_e=rI_r^2$，$P_e$ 最大の条件 $r=R_2$

5.4 $V=\dfrac{kR_2R_3+j\omega LR_3}{R_1(kR_2+R_2+R_3)+j\omega L(R_1+R_2+R_3)}E$，同相条件 $k=\dfrac{R_1}{R_2}$

5.5 $Z=\dfrac{1}{j\omega C}+\dfrac{j\omega L}{36}$

5.6 $I=\dfrac{30}{23}$ A

5.7 $I=\dfrac{1+j\omega CR_1}{R_1+j\omega CR_2^2}E$，$R_1=R_2\,(=R)$ を代入すると $I=\dfrac{1}{R}E$

5.8 $Z=\dfrac{R_2^2(1+j\omega CR_1)}{R_1+j\omega CR_2^2}$

5.9 $M=\pm\sqrt{L_2(L_0+L_1)}$

5.10 $f_0=\dfrac{1}{2\pi\sqrt{MC}}$

5.11 $M=C_4R_2R_3$ および $M(R_3+R_4)=L_2R_3$

5.12 $R_1R_4=R_2R_3$ および $(L_4+M)R_1=(L_3-M)R_2$

6章 2端子対回路の特性行列と接続

6.1 (a) $Z = \begin{bmatrix} Z_{11} + R_1 & Z_{12} \\ Z_{21} & Z_{22} + R_2 \end{bmatrix}$ (b) $Y = \begin{bmatrix} Y_{11} + j\omega C & Y_{12} - j\omega C \\ Y_{21} - j\omega C & Y_{22} + j\omega C \end{bmatrix}$

(c) $Z = \begin{bmatrix} n^2 Z_{11} & n Z_{12} \\ n Z_{21} & Z_{22} \end{bmatrix}$, $Y = \dfrac{1}{n^2}\begin{bmatrix} Y_{11} & n Y_{12} \\ n Y_{21} & n^2 Y_{22} \end{bmatrix}$

(d) $Z = \begin{bmatrix} Z_{11} + n(Z_{12} + Z_{21}) + n^2 Z_{22} & Z_{12} + n Z_{22} \\ Z_{21} + n Z_{22} & Z_{22} \end{bmatrix}$

$Y = \begin{bmatrix} Y_{11} & Y_{12} - n Y_{11} \\ Y_{21} - n Y_{11} & Y_{22} - n(Y_{21} + Y_{12}) + n^2 Y_{11} \end{bmatrix}$

6.2 (a) $Z = \dfrac{R}{1 + j\omega CR}\begin{bmatrix} 2 + j\omega CR & 1 \\ 1 & 1 \end{bmatrix}$, $Y = \dfrac{1}{R}\begin{bmatrix} 1 & -1 \\ -1 & 2 + j\omega CR \end{bmatrix}$

$F = \begin{bmatrix} 2 + j\omega CR & R \\ \dfrac{1}{R} + j\omega C & 1 \end{bmatrix}$

(b) $Z = \dfrac{1}{j\omega C(2 - \omega^2 LC)}\begin{bmatrix} 1 - \omega^2 LC & 1 \\ 1 & 1 - 3\omega^2 LC + \omega^4 L^2 C^2 \end{bmatrix}$

$Y = \dfrac{1}{j\omega L(2 - \omega^2 LC)}\begin{bmatrix} 1 - 3\omega^2 LC + \omega^4 L^2 C^2 & -1 \\ -1 & 1 - \omega^2 LC \end{bmatrix}$

$F = \begin{bmatrix} 1 - \omega^2 LC & j\omega L(2 - \omega^2 LC) \\ j\omega C(2 - \omega^2 LC) & 1 - 3\omega^2 LC + \omega^4 L^2 C^2 \end{bmatrix}$

6.3 (a) $F = \begin{bmatrix} 1 & R \\ 0 & 1 \end{bmatrix}\begin{bmatrix} 1 & 0 \\ j\omega C & 1 \end{bmatrix}\begin{bmatrix} 1 & 0 \\ \dfrac{1}{R} & 1 \end{bmatrix}$

(b) $F = \begin{bmatrix} 1 & 0 \\ j\omega C & 1 \end{bmatrix}\begin{bmatrix} 1 & j\omega L \\ 0 & 1 \end{bmatrix}\begin{bmatrix} 1 & 0 \\ j\omega C & 1 \end{bmatrix}\begin{bmatrix} 1 & j\omega L \\ 0 & 1 \end{bmatrix}$

6.4 $F = \dfrac{1}{Z_2 Z_3 - Z_1 Z_4}\begin{bmatrix} (Z_1 + Z_3)(Z_2 + Z_4) & Z_1 Z_2(Z_3 + Z_4) + Z_3 Z_4(Z_1 + Z_2) \\ Z_1 + Z_2 + Z_3 + Z_4 & (Z_1 + Z_2)(Z_3 + Z_4) \end{bmatrix}$

対称格子形回路の解答略(上式に $Z_4 = Z_1, Z_3 = Z_2$ を代入して整理)

6.5 (a) $F = \begin{bmatrix} 3 + j\omega CR & 2R \\ j\omega C + \dfrac{j\omega C}{1 + j\omega CR} + \dfrac{1}{R} & 1 + \dfrac{j\omega CR}{1 + j\omega CR} \end{bmatrix}$

(b) $F = \begin{bmatrix} 1 + \dfrac{R}{j\omega L} + \dfrac{2R + j\omega L}{R + j\omega L} & R + \dfrac{2j\omega LR}{R + j\omega L} \\ \dfrac{1}{R} + \dfrac{2}{j\omega L} & 2 \end{bmatrix}$

6.6 $F = \begin{bmatrix} 7 & 5 \\ 11 & 8 \end{bmatrix}$, 等価な T 形は $R_1 = \dfrac{6}{11}$, $R_2 = \dfrac{7}{11}$, $R_3 = \dfrac{1}{11}$

6.7 (a) $F = \begin{bmatrix} \dfrac{1}{n}\left(1 + \dfrac{C_2}{C_1}\right) & \dfrac{n}{j\omega C_1} \\ \dfrac{j\omega C_2}{n} & n \end{bmatrix}$ (b) $F = \begin{bmatrix} 1 & \dfrac{1}{j\omega C_3} \\ j\omega C_4 & \dfrac{C_4}{C_3} + 1 \end{bmatrix}$

F 行列の比較より $n = \dfrac{C_4}{C_3} + 1 \left(= \dfrac{C_2}{C_1} + 1\right)$, $C_3 = \dfrac{C_1}{n}$, $C_4 = \dfrac{C_2}{n}$

6.8 (a) $Z = \begin{bmatrix} R_1 & 0 \\ 0 & R_2 \end{bmatrix} + \begin{bmatrix} Z_{11} & Z_{12} \\ Z_{21} & Z_{22} \end{bmatrix}$

(b) $Y = \begin{bmatrix} j\omega C & -j\omega C \\ -j\omega C & j\omega C \end{bmatrix} + \begin{bmatrix} Y_{11} & Y_{12} \\ Y_{21} & Y_{22} \end{bmatrix}$

6.9 (a) $Z = \begin{bmatrix} j\omega L_1 & j\omega M \\ j\omega M & j\omega L_2 \end{bmatrix} + \begin{bmatrix} \dfrac{1}{j\omega C_1} & 0 \\ 0 & \dfrac{1}{j\omega C_2} \end{bmatrix} + \begin{bmatrix} R & R \\ R & R \end{bmatrix}$

(b) $Z = \dfrac{1}{9}\begin{bmatrix} R + 2k + j\omega L & R + 2k - 2j\omega L \\ R + 2k - 2j\omega L & R + 2k + 4j\omega L \end{bmatrix}$

6.10 (a) $Y = \dfrac{1}{(k+2)R}\begin{bmatrix} 1 & -1 \\ -(k+1) & k+1 \end{bmatrix} + \dfrac{1}{j\omega(L_1 L_2 - M^2)}\begin{bmatrix} L_2 & -M \\ -M & L_1 \end{bmatrix}$

(b) $Y = \dfrac{1}{(b-2)R}\begin{bmatrix} b-1 & -(b-1) \\ 1 & -1 \end{bmatrix} + \begin{bmatrix} \dfrac{1}{R} & \dfrac{1}{a-R} \\ -\dfrac{1}{R} & -\dfrac{2}{a-R} \end{bmatrix}$

7 章 3 相交流回路

7.1 E_a, E_b, E_c の解および各波形は省略

$$v_{ab}(t) = 2\sqrt{3}\cos\left(50t + \dfrac{\pi}{6}\right), \quad v_{bc}(t) = 2\sqrt{3}\cos\left(50t - \dfrac{\pi}{2}\right)$$

$$v_{ca}(t) = 2\sqrt{3}\cos\left(50t + \dfrac{5\pi}{6}\right), \quad i_a(t) = \dfrac{\sqrt{2}}{100}\cos\left(50t - \dfrac{\pi}{4}\right)$$

7.2 $I_a = \dfrac{3}{3R_1 + R_2 + j\omega L} E_e, \quad I_b = \dfrac{3(-1 - j\sqrt{3})}{2(3R_1 + R_2 + j\omega L)} E_e$

$I_c = \dfrac{3(-1 + j\sqrt{3})}{2(3R_1 + R_2 + j\omega L)} E_e, \quad$ 位相差 $-45°$ の条件 $\dfrac{\omega L}{3R_1 + R_2} = 1$

有効電力 $P_e = \dfrac{9(3R_1 + R_2)}{(3R_1 + R_2)^2 + \omega^2 L^2} E_e^2$

7.3 $P_\Delta = \dfrac{E_e^2}{R}, \quad P_Y = \dfrac{3E_e^2}{R}$

7.4 $Z_1 = Z_2 = Z_3 = \dfrac{5}{9}R, \quad$ 線電流が 4 A になる条件 $R = 15\sqrt{3}\ \Omega$

同じ負荷を Δ 形に接続した場合の線電流（実効値）12 A

有効電力 $P_Y = 400\sqrt{3}$ W, $P_\Delta = 1\,200\sqrt{3}$ W

7.5 $I_a = \dfrac{j\omega C}{\sqrt{3}(1 + j\omega CR)} E, \quad I_b = \dfrac{j\omega C(-1 - j\sqrt{3})}{2\sqrt{3}(1 + j\omega CR)} E$

$P_{e1} = \dfrac{\omega C\,|-1 + \sqrt{3}\omega CR|}{2\sqrt{3}(1 + \omega^2 C^2 R^2)} E^2, \quad P_{e2} = \dfrac{\omega C(1 + \sqrt{3}\omega CR)}{2\sqrt{3}(1 + \omega^2 C^2 R^2)} E^2$

$P_e = \dfrac{\omega^2 C^2 R}{1 + \omega^2 C^2 R^2} E^2$

7.6 力率が 1 になる $C = \dfrac{L}{3(R^2 + \omega^2 L^2)}, \quad I_a = \dfrac{R}{\sqrt{3}(R^2 + \omega^2 L^2)} E$

$W = \dfrac{R}{2(R^2 + \omega^2 L^2)} E^2, \quad P_e = 2W$

7.7 $V_N = \dfrac{1 - j\omega CR}{1 + 2j\omega CR} E_e$

$I_a = \dfrac{3j\omega C}{1 + 2j\omega CR} E_e, \quad I_b = \dfrac{\sqrt{3}\omega C + j\omega C(2\sqrt{3}\omega CR - 3)}{2(1 + 2j\omega CR)} E_e$

$P_{e1} = \dfrac{3\omega C\,|6\omega CR - \sqrt{3}|}{2(1 + 4\omega^2 C^2 R^2)} E_e^2, \quad P_{e2} = \dfrac{3\sqrt{3}\omega C}{2(1 + 4\omega^2 C^2 R^2)} E_e^2$

$P_e = \dfrac{9\omega^2 C^2 R}{1 + 4\omega^2 C^2 R^2} E_e^2$

7.8 $V_N = \dfrac{\sqrt{3}\omega L + j\omega L}{2(3R + 2j\omega L)} E_e$

$I_a = \dfrac{6R - \sqrt{3}\omega L + 3j\omega L}{2R(3R + 2j\omega L)} E_e, \quad I_b = \dfrac{-3R + \sqrt{3}\omega L - 3j(\sqrt{3}R + \omega L)}{2R(3R + 2j\omega L)} E_e$

$$P_{e1} = \frac{3\left(9R^2 - \sqrt{3}\,\omega LR + 2\omega^2 L^2\right)}{2R\left(9R^2 + 4\omega^2 L^2\right)} E_e^2, \quad P_{e2} = \frac{3\left(9R^2 + \sqrt{3}\,\omega LR + 2\omega^2 L^2\right)}{2R\left(9R^2 + 4\omega^2 L^2\right)} E_e^2$$

$$P_e = \frac{3\left(9R^2 + 2\omega^2 L^2\right)}{R\left(9R^2 + 4\omega^2 L^2\right)} E_e^2$$

I_a と I_b の位相差は $\angle I_a - \angle I_b = \angle \dfrac{I_a}{I_b} = \tan^{-1} \dfrac{3\sqrt{3}\,R^2}{-3R^2 - 2\omega^2 L^2}$

これが $150°$ になるためには $\omega L = \sqrt{3}\,R$

位相差 $\angle \dfrac{I_a}{I_b}$ の変化 $\begin{cases} \omega = 0 \;:\; \text{位相差}\; 120° \\ \omega\; \text{増加}\;:\; \text{分母が負の方向に増加} \;\Rightarrow\; \text{位相差増加} \\ \omega = \infty \;:\; \text{位相差}\; 180° \end{cases}$

7.9 $|E_a| = |E_b| = |E_c| = 80$, $\angle E_a = \pi/6$, $\angle E_b = -\pi/2$, $\angle E_c = 5\pi/6$ より大きさが等しく位相が $2\pi/3$ ずつずれているので, 対称3相電源といえる. 次に, 負荷の内側の $\triangle$ 形と外側の $\triangle$ 形に $\triangle$–Y 変換を施し Y 形に直すと**解図 7.1** が得られ, 各相のインピーダンスは $4Z/15 = 4 + j8\,\Omega$ となる.

$I_a = 2\sqrt{3} + 4 + j(2 - 4\sqrt{3}), \quad I_b = -8 - j4$
$I_c = -2\sqrt{3} + 4 + j(2 + 4\sqrt{3})$
$|I_a| = |I_b| = |I_c| = 4\sqrt{5}\,\text{A}, \quad P_e = 960\,\text{W}$

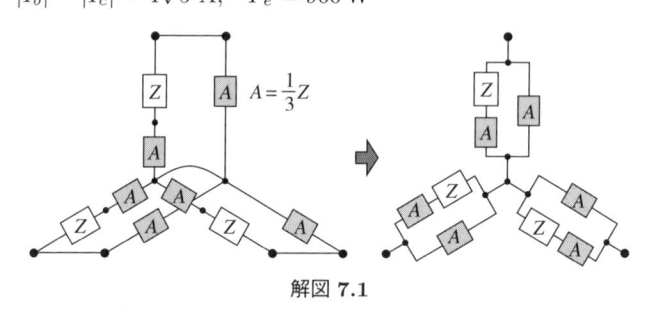

解図 7.1

7.10 解図 **7.2**(a) の左右の $2\,\Omega$ Y 形を Y–$\triangle$ 変換 $\Rightarrow$ (b), 並列抵抗を合成 $\Rightarrow$ (c), $\triangle$–Y 変換 $\Rightarrow$ (d) の Y 形非対称負荷が得られる. これより

$V_N = -\dfrac{E_e}{4}, \quad I_a = E_e, \quad I_b = \dfrac{-1 - j2\sqrt{3}}{2} E_e, \quad I_c = \dfrac{-1 + j2\sqrt{3}}{2} E_e$

$P_e = \dfrac{9}{2} E_e^2$

線電流の実効値を等しくするには負荷を対称にすればよく, 図 (b) より a-b, a-c 間に $2\,\Omega$ の抵抗を並列に挿入すればよいことがわかる.

演習問題解答　201

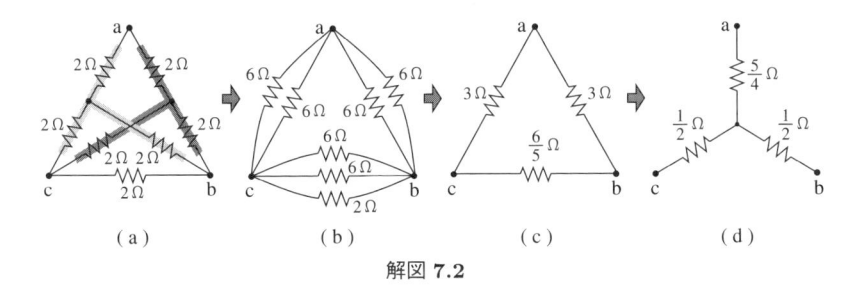

解図 7.2

8章　分布定数回路

8.1　$\beta l = \dfrac{\pi}{4} + n\dfrac{\pi}{2}$　$(n=0,1,2,\cdots)$

8.2　$l = \dfrac{\lambda}{6}$

8.3　$l = \dfrac{\pi}{4\beta}$

8.4　$Z_L = 4 - j3\,\Omega$　（長さ $\lambda/4$ の無損失線路の入力インピーダンスより導出）

8.5　$\sqrt{\dfrac{L}{C}} = R_L$　あるいは　$l = \dfrac{n\pi}{2\omega\sqrt{LC}}$　$(n=0,1,2,\cdots)$

8.6　右半分の線路は整合しており，その入力インピーダンスは Z_0，すなわち左半分の線路の出力端にあらわれる電圧は解図 8.1 の $\hat{V}_1$ で求められ，$\hat{V}_1 = \dfrac{2}{2\cos\beta l + j\sin\beta l} E$

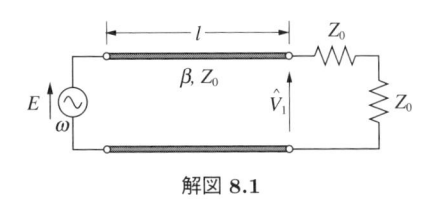

解図 8.1

となる。したがって，問図 8.2 の右半分の線路の入力端にかかる電圧はその 1/2 なので，右半分の線路の出力端の電圧は

$$\hat{V} = \dfrac{1}{\cos\beta l + j\sin\beta l} \dfrac{\hat{V}_1}{2} = \dfrac{1}{(\cos\beta l + j\sin\beta l)(2\cos\beta l + j\sin\beta l)} E$$

索　引

【あ】

アドミタンス　57
アドミタンス行列　122
網目　21
網目解析　61
網目解析法　21
網目電流　21
網目方程式　21
アンダーソンブリッジ　100
アンペア　2

【い】

位相　29
位相差　32, 49
位相速度　168
位相定数　166, 171
イミタンス　56
インダクタ　36
インダクタンス　36
インピーダンス　56
　──の周波数特性　94
インピーダンス行列　118

【う】

ウィーンブリッジ　91

【え】

H 行列　127
枝　11
枝電圧　11
枝電流　11
F 行列　123, 128
円線図　55

【お】

オイラーの公式　44

【か】

オートトランス　112
オーム　2
　──の法則　2

回転磁界　161
開放駆動ポートインピーダンス　118
開放除去　25, 76
開放電圧減衰率　124
開放伝達アドミタンス　124
開放伝達インピーダンス　118
回路　11
回路解析　17
回路方程式　17
回路網　11
角周波数　29
重ね合わせの理　25, 52, 76
過渡状態　39
可変抵抗　72

【き】

記号法　50
基準節点　17
キャパシタ　35
キャパシタンス　35
キャンベルブリッジ　116
供給電力最大の条件　97
共振　95
共振周波数　95
共役複素数　45
橋絡 T 形回路　100
極座標表示　51
虚数単位　44
虚部　44
キルヒホッフの電圧則　15
キルヒホッフの電流則　12

【く】

グラフ　11
クラーメルの公式　16
繰返し回路　129

【け】

結合インダクタ　109, 132
ケリーフォスターブリッジ　116
検出器　90
減衰定数　171
検流計　90

【こ】

コイル　36
格子形回路　27, 139
合成抵抗　6
合成複素インピーダンス　56, 58
交流回路　28
交流電圧源　34
交流電流源　34
固有電力　8, 98
混合解析　24, 64
コンダクタンス　2, 57
コンデンサ　35

【さ】

サセプタンス　57
3 相交流回路　141

【し】

シェーリングブリッジ　100
G 行列　127
自己インダクタンス　110
4 端子行列　123

索引　203

4端子定数	124
実効インピーダンス	67
実効値	33
実効値モデル	52
実　部	44
時不変回路	75
時不変性	75
時変回路	75
ジーメンス	2
ジャイレータ	106, 132
周　期	30
縦続行列	123
縦続接続	128
従属電源	104
集中定数回路	165
周波数	30
受動回路	75
受動性	75
受動素子	3
ジュール	3
瞬時値	33
瞬時値表示	33, 51
瞬時電力	37, 65
進行波	167
振　幅	29
振幅モデル	52

【せ】

制御電源	104
正弦波	29
正弦波動	166
整　合	97, 180
整合条件	97
静的素子	35
節　点	11
節点解析	61
節点解析法	18
節点電圧	17
節点方程式	18
Z行列	118, 134
線間電圧	143
線形回路	75
線形性	75

線形抵抗	2
線電流	143
線路パラメータ	169

【そ】

双曲線関数	175
相互インダクタ	109, 132
相互インダクタンス	110
相互誘導回路	109
双対回路	92
双対性	92
相電圧	143
相反性	103, 119

【た】

帯域通過フィルタ	96
帯域幅	96
対称格子形回路	139
対称座標法	161
対称3相電源	142
対称3相負荷	146
端子対	102, 117
短絡除去	25, 76
短絡伝達インピーダンス	124
短絡電流減衰率	124

【ち】

中性点	146
直並列接続	10
直流回路	1
直流電圧源	3
直流電流源	4
直列共振	95
直列接続	6, 134
直角座標表示	51

【つ】

通過帯域	96

【て】

T形回路	26, 120, 125
抵　抗	2, 34
定在波	167

定常状態	39
定抵抗回路	71, 94
定電圧源	3
定電流源	4
デシベル	96, 171
テブナン等価回路	80
テブナンの定理	80
Δ形回路	86
Δ形結線	143, 146
Δ-Y変換	88, 146
電　圧	2
電圧源	3
電　源	3
電信方程式	170
伝送線路	165
伝達比	124
伝搬定数	171
電　流	2
電流源	3
電　力	3, 66
電力に対する重ね合わせ	79

【と】

等価回路	80, 111
等価抵抗	6
等価電圧源の定理	80
等価電流源の定理	84
同　相	31
動的素子	35
特性インピーダンス	171
独立電源	104
トポロジー	11

【に】

2端子対回路	103, 117
2電力計法	156
入力インピーダンス	176

【ね】

ネーパ	171

【の】

能動回路	75

【の】

能動素子	4
ノートン等価回路	84
ノートンの定理	84

【は】

π 形回路	121, 126
波　形	29
梯子形回路	10
波　数	167
波　長	166
バール	67
半正定値行列	110

【ひ】

非線形回路	75
皮相電力	66, 156
非対称3相負荷	152

【ふ】

ファラド	35
フェーザ図	53
フェーザ法	50
複素アドミタンス	56
複素インピーダンス	51, 56
複素交流回路	51
複素指数関数	44
複素数	44
複素数表示	51
複素直流回路	46, 51
複素抵抗	46, 51, 56
複素電力	67, 156
複素平面	53

【へ】

ブリッジ	19
──の平衡条件	90
ブリッジ回路	90
分圧回路	7
分布定数回路	165
分流回路	9

【へ】

平均電力	37, 66
ヘイブリッジ	100
平面グラフ	21, 92
並列共振	95
並列接続	9, 136
閉　路	12
閉路解析法	21
ベクトル軌跡	55
ベクトル図	53
ヘビサイドブリッジ	116
変成器	109
ヘンリー	36

【ほ】

ホイートストンブリッジ	90
補償の定理	84
ボルト	2
ボルトアンペア	66

【ま】

マッチング	97

【み】

密結合	110

【み】

ミルマンの定理	85

【む】

無限長線路	172
無効電力	38, 66, 156
無損失線路	172
無ひずみ線路	172

【ゆ】

有効電力	38, 66, 156
誘導性	57

【よ】

容量性	57
余弦波	29

【り】

リアクタンス	56
力　率	66
理想変成器	106, 132
利　得	96, 124

【る】

ループ	12
ループ電流	21

【わ】

Y 形回路	86
Y 形結線	143, 146
Y 行列	122, 136
Y–Δ 変換	87
ワット	3, 66

―― 著者略歴 ――

川上　博（かわかみ　ひろし）
1964 年　徳島大学工学部電気工学科卒業
1969 年　京都大学大学院工学研究科博士課程単位修得退学（電気工学専攻）
1974 年　工学博士（京都大学）
1974 年　徳島大学助教授
1985 年　徳島大学教授
2001 年　徳島大学副学長（教育担当）
2010 年　徳島大学名誉教授

西尾　芳文（にしお　よしふみ）
1988 年　慶應義塾大学理工学部電気工学科卒業
1990 年　慶應義塾大学大学院理工学研究科修士課程修了（電気工学専攻）
1993 年　慶應義塾大学大学院理工学研究科博士課程修了（電気工学専攻）博士（工学）
1993 年　徳島大学助手
1997 年　徳島大学助教授
2007 年　徳島大学准教授
2009 年　徳島大学教授
　　　　　現在に至る

島本　隆（しまもと　たかし）
1982 年　徳島大学工学部電気工学科卒業
1984 年　徳島大学大学院工学研究科修士課程修了（電気工学専攻）
1984 年　徳島大学助手
1992 年　博士（工学）（大阪大学）
1993 年　徳島大学助教授
2007 年　徳島大学准教授
2008 年　徳島大学教授
　　　　　現在に至る

例題と課題で学ぶ **電気回路**
── 線形回路の定常解析 ──
Electric Circuits with Example Problems and Exercises
── Steady-State Analysis of Linear Circuits ──

© Kawakami, Shimamoto, Nishio 2006

2006 年 10 月 25 日　初版第 1 刷発行
2019 年 1 月 5 日　初版第 9 刷発行

検印省略	著　者	川　上　　　博	
		島　本　　　隆	
		西　尾　芳　文	
	発行者	株式会社　コロナ社	
		代表者　牛来真也	
	印刷所	三美印刷株式会社	
	製本所	有限会社　愛千製本所	

112-0011　東京都文京区千石 4–46–10
発行所　株式会社　コロナ社
CORONA PUBLISHING CO., LTD.
Tokyo Japan
振替 00140-8-14844・電話 (03) 3941-3131(代)
ホームページ　http://www.coronasha.co.jp

ISBN 978-4-339-00785-5　C3054　Printed in Japan　　　　　(阿部)

JCOPY　<出版者著作権管理機構 委託出版物>
本書の無断複製は著作権法上での例外を除き禁じられています。複製される場合は，そのつど事前に，出版者著作権管理機構 (電話 03-5244-5088，FAX 03-5244-5089，e-mail: info@jcopy.or.jp) の許諾を得てください。

本書のコピー，スキャン，デジタル化等の無断複製・転載は著作権法上での例外を除き禁じられています。購入者以外の第三者による本書の電子データ化および電子書籍化は，いかなる場合も認めていません。
落丁・乱丁はお取替えいたします。

大学講義シリーズ

(各巻A5判，欠番は品切です)

配本順			頁	本体
(2回)	通信網・交換工学	雁部頴一著	274	3000円
(3回)	伝送回路	古賀利郎著	216	2500円
(4回)	基礎システム理論	古田・佐野共著	206	2500円
(7回)	音響振動工学	西山静男他著	270	2600円
(10回)	基礎電子物性工学	川辺和夫他著	264	2500円
(11回)	電磁気学	岡本允夫著	384	3800円
(12回)	高電圧工学	升谷・中田共著	192	2200円
(14回)	電波伝送工学	安達・米山共著	304	3200円
(15回)	数値解析(1)	有本卓著	234	2800円
(16回)	電子工学概論	奥田孝美著	224	2700円
(17回)	基礎電気回路(1)	羽鳥孝三著	216	2500円
(18回)	電力伝送工学	木下仁志他著	318	3400円
(19回)	基礎電気回路(2)	羽鳥孝三著	292	3000円
(20回)	基礎電子回路	原田耕介他著	260	2700円
(22回)	原子工学概論	都甲・岡共著	168	2200円
(23回)	基礎ディジタル制御	美多勉他著	216	2400円
(24回)	新電磁気計測	大照完他著	210	2500円
(26回)	電子デバイス工学	藤井忠邦著	274	3200円
(28回)	半導体デバイス工学	石原宏著	264	2800円
(29回)	量子力学概論	権藤靖夫著	164	2000円
(30回)	光・量子エレクトロニクス	藤岡・小原 齊藤 共著	180	2200円
(31回)	ディジタル回路	高橋寛他著	178	2300円
(32回)	改訂回路理論(1)	石井順也著	200	2500円
(33回)	改訂回路理論(2)	石井順也著	210	2700円
(34回)	制御工学	森泰親著	234	2800円
(35回)	新版 集積回路工学(1) ―プロセス・デバイス技術編―	永田・柳井共著	270	3200円
(36回)	新版 集積回路工学(2) ―回路技術編―	永田・柳井共著	300	3500円

以下続刊

電気機器学	中西・正田・村上共著	電気・電子材料	水谷照吉他著
半導体物性工学	長谷川英機他著	情報システム理論	長谷川・高橋・笠原共著
数値解析(2)	有本卓著	現代システム理論	神山真一著

定価は本体価格+税です。
定価は変更されることがありますのでご了承下さい。

図書目録進呈◆

電子情報通信レクチャーシリーズ

■電子情報通信学会編 　　　　　　（各巻B5判）

共通

	配本順			頁	本体
A-1	(第30回)	電子情報通信と産業	西村吉雄著	272	4700円
A-2	(第14回)	電子情報通信技術史 ―おもに日本を中心としたマイルストーン―	「技術と歴史」研究会編	276	4700円
A-3	(第26回)	情報社会・セキュリティ・倫理	辻井重男著	172	3000円
A-4		メディアと人間	原島博 北川高嗣 共著		
A-5	(第6回)	情報リテラシーとプレゼンテーション	青木由直著	216	3400円
A-6	(第29回)	コンピュータの基礎	村岡洋一著	160	2800円
A-7	(第19回)	情報通信ネットワーク	水澤純一著	192	3000円
A-8		マイクロエレクトロニクス	亀山充隆著		
A-9		電子物性とデバイス	益川一哉 天川修平 共著		

基礎

	配本順			頁	本体
B-1		電気電子基礎数学	大石進一著		
B-2		基礎電気回路	篠田庄司著		
B-3		信号とシステム	荒川薫著		
B-5	(第33回)	論理回路	安浦寛人著	140	2400円
B-6	(第9回)	オートマトン・言語と計算理論	岩間一雄著	186	3000円
B-7		コンピュータプログラミング	富樫敦著		
B-8	(第35回)	データ構造とアルゴリズム	岩沼宏治他著	208	3300円
B-9		ネットワーク工学	仙田正和 石村裕介 中野敬 共著		
B-10	(第1回)	電磁気学	後藤尚久著	186	2900円
B-11	(第20回)	基礎電子物性工学 ―量子力学の基本と応用―	阿部正紀著	154	2700円
B-12	(第4回)	波動解析基礎	小柴正則著	162	2600円
B-13	(第2回)	電磁気計測	岩﨑俊著	182	2900円

基盤

	配本順			頁	本体
C-1	(第13回)	情報・符号・暗号の理論	今井秀樹著	220	3500円
C-2		ディジタル信号処理	西原明法著		
C-3	(第25回)	電子回路	関根慶太郎著	190	3300円
C-4	(第21回)	数理計画法	山下信雄 福島雅夫 共著	192	3000円
C-5		通信システム工学	三木哲也著		
C-6	(第17回)	インターネット工学	後藤滋樹 外山勝保 共著	162	2800円
C-7	(第3回)	画像・メディア工学	吹抜敬彦著	182	2900円

配本順			頁	本体
C-8 (第32回)	音声・言語処理	広瀬啓吉著	140	2400円
C-9 (第11回)	コンピュータアーキテクチャ	坂井修一著	158	2700円
C-10	オペレーティングシステム			
C-11	ソフトウェア基礎			
C-12	データベース			
C-13 (第31回)	集積回路設計	浅田邦博著	208	3600円
C-14 (第27回)	電子デバイス	和保孝夫著	198	3200円
C-15 (第8回)	光・電磁波工学	鹿子嶋憲一著	200	3300円
C-16 (第28回)	電子物性工学	奥村次徳著	160	2800円

展開

D-1	量子情報工学			
D-2	複雑性科学			
D-3 (第22回)	非線形理論	香田徹著	208	3600円
D-4	ソフトコンピューティング			
D-5 (第23回)	モバイルコミュニケーション	中川正雄・大槻知明共著	176	3000円
D-6	モバイルコンピューティング			
D-7	データ圧縮	谷本正幸著		
D-8 (第12回)	現代暗号の基礎数理	黒澤馨・尾形わかは共著	198	3100円
D-10	ヒューマンインタフェース			
D-11 (第18回)	結像光学の基礎	本田捷夫著	174	3000円
D-12	コンピュータグラフィックス			
D-13	自然言語処理			
D-14 (第5回)	並列分散処理	谷口秀夫著	148	2300円
D-15	電波システム工学	唐沢好男・藤井威生共著		
D-16	電磁環境工学	徳田正満著		
D-17 (第16回)	VLSI工学 ―基礎・設計編―	岩田穆著	182	3100円
D-18 (第10回)	超高速エレクトロニクス	中村徹・三鳥友義共著	158	2600円
D-19	量子効果エレクトロニクス	荒川泰彦著		
D-20	先端光エレクトロニクス			
D-21	先端マイクロエレクトロニクス			
D-22	ゲノム情報処理			
D-23 (第24回)	バイオ情報学 ―パーソナルゲノム解析から生体シミュレーションまで―	小長谷明彦著	172	3000円
D-24 (第7回)	脳工学	武田常広著	240	3800円
D-25 (第34回)	福祉工学の基礎	伊福部達著	236	4100円
D-26	医用工学			
D-27 (第15回)	VLSI工学 ―製造プロセス編―	角南英夫著	204	3300円

定価は本体価格+税です。
定価は変更されることがありますのでご了承下さい。

図書目録進呈◆

電子情報通信学会 大学シリーズ

(各巻A5判，欠番は品切です)

■電子情報通信学会編

記号	配本順	書名	著者	頁	本体
A-1	(40回)	応用代数	伊藤 理夫／重正悟 共著	242	3000円
A-2	(38回)	応用解析	堀内 和夫 著	340	4100円
A-3	(10回)	応用ベクトル解析	宮崎 保光 著	234	2900円
A-4	(5回)	数値計算法	戸川 隼人 著	196	2400円
A-5	(33回)	情報数学	廣瀬 健 著	254	2900円
A-6	(7回)	応用確率論	砂原 善文 著	220	2500円
B-1	(57回)	改訂 電磁理論	熊谷 信昭 著	340	4100円
B-2	(46回)	改訂 電磁気計測	菅野 允 著	232	2800円
B-3	(56回)	電子計測(改訂版)	都築 泰雄 著	214	2600円
C-1	(34回)	回路基礎論	岸 源也 著	290	3300円
C-2	(6回)	回路の応答	武部 幹 著	220	2700円
C-3	(11回)	回路の合成	古賀 利郎 著	220	2700円
C-4	(41回)	基礎アナログ電子回路	平野 浩太郎 著	236	2900円
C-5	(51回)	アナログ集積電子回路	柳沢 健 著	224	2700円
C-6	(42回)	パルス回路	内山 明彦 著	186	2300円
D-2	(26回)	固体電子工学	佐々木 昭夫 著	238	2900円
D-3	(1回)	電子物性	大坂 之雄 著	180	2100円
D-4	(23回)	物質の構造	高橋 清 著	238	2900円
D-5	(58回)	光・電磁物性	多田 邦雄／松本 俊 共著	232	2800円
D-6	(13回)	電子材料・部品と計測	川端 昭 著	248	3000円
D-7	(21回)	電子デバイスプロセス	西永 頌 著	202	2500円
E-1	(18回)	半導体デバイス	古川 静二郎 著	248	3000円
E-3	(48回)	センサデバイス	浜川 圭弘 著	200	2400円
E-4	(60回)	新版 光デバイス	末松 安晴 著	240	3000円
E-5	(53回)	半導体集積回路	菅野 卓雄 著	164	2000円
F-1	(50回)	通信工学通論	畔柳 功芳／塩谷 光 共著	280	3400円
F-2	(20回)	伝送回路	辻井 重男 著	186	2300円

配本順			頁	本体
F-4 (30回)	通信方式	平松啓二著	248	3000円
F-5 (12回)	通信伝送工学	丸林 元著	232	2800円
F-7 (8回)	通信網工学	秋山 稔著	252	3100円
F-8 (24回)	電磁波工学	安達三郎著	206	2500円
F-9 (37回)	マイクロ波・ミリ波工学	内藤喜之著	218	2700円
F-11 (32回)	応用電波工学	池上文夫著	218	2700円
F-12 (19回)	音響工学	城戸健一著	196	2400円
G-1 (4回)	情報理論	磯道義典著	184	2300円
G-3 (16回)	ディジタル回路	斉藤忠夫著	218	2700円
G-4 (54回)	データ構造とアルゴリズム	斎藤信男・西原清一共著	232	2800円
H-1 (14回)	プログラミング	有田五次郎著	234	2100円
H-2 (39回)	情報処理と電子計算機（「情報処理通論」改題新版）	有澤 誠著	178	2200円
H-7 (28回)	オペレーティングシステム論	池田克夫著	206	2500円
I-3 (49回)	シミュレーション	中西俊男著	216	2600円
I-4 (22回)	パターン情報処理	長尾 真著	200	2400円
J-1 (52回)	電気エネルギー工学	鬼頭幸生著	312	3800円
J-4 (29回)	生体工学	斎藤正男著	244	3000円
J-5 (59回)	新版 画像工学	長谷川 伸著	254	3100円

以下続刊

C-7 制御理論　　　　D-1 量子力学
F-3 信号理論　　　　F-6 交換工学
G-5 形式言語とオートマトン　G-6 計算とアルゴリズム
J-2 電気機器通論

定価は本体価格+税です。
定価は変更されることがありますのでご了承下さい。

図書目録進呈◆

電気・電子系教科書シリーズ

(各巻A5判)

- ■編集委員長　高橋　寛
- ■幹　　　事　湯田幸八
- ■編集委員　江間　敏・竹下鉄夫・多田泰芳
　　　　　　　中澤達夫・西山明彦

配本順			著者	頁	本体
1. (16回)	電　気　基　礎	柴田尚志・皆藤新一 共著		252	3000円
2. (14回)	電　磁　気　学	多田泰芳・柴田尚志 共著		304	3600円
3. (21回)	電　気　回　路Ⅰ	柴田　尚志 著		248	3000円
4. (3回)	電　気　回　路Ⅱ	遠藤　勲・鈴木純一・吉澤昌純 編著		208	2600円
5. (27回)	電気・電子計測工学	福田　雄一・吉田　己之・降矢典恵・高橋拓也・西崎和明 共著		222	2800円
6. (8回)	制　御　工　学	下西二鎮・奥平鎮正・青木立幸 共著		216	2600円
7. (18回)	ディジタル制御	西堀俊幸 著		202	2500円
8. (25回)	ロ ボ ッ ト 工 学	白水俊次 著		240	3000円
9. (1回)	電　子　工　学　基　礎	中澤達夫・藤原勝幸 共著		174	2200円
10. (6回)	半　導　体　工　学	渡辺英夫 著		160	2000円
11. (15回)	電気・電子材料	中澤・藤原・押山・服部・森田　共著		208	2500円
12. (13回)	電　子　回　路	須田健二・土田英昌 共著		238	2800円
13. (2回)	ディジタル回路	伊若吉室山　博夫・海澤純也・賀下巌進 共著		240	2800円
14. (11回)	情報リテラシー入門			176	2200円
15. (19回)	Ｃ＋＋プログラミング入門	湯田幸八 著		256	2800円
16. (22回)	マイクロコンピュータ制御プログラミング入門	柚賀正光・千代谷慶 共著		244	3000円
17. (17回)	計算機システム(改訂版)	春日健・舘泉雄治 共著		240	2800円
18. (10回)	アルゴリズムとデータ構造	湯田幸八・伊原充博 共著		252	3000円
19. (7回)	電気機器工学	前田勉・新谷邦弘 共著		222	2700円
20. (9回)	パワーエレクトロニクス	江間　敏・高橋勲 共著		202	2500円
21. (28回)	電　力　工　学(改訂版)	江間　敏・甲斐隆章 共著		296	3000円
22. (5回)	情　報　理　論	三木成彦・吉川英機 共著		216	2600円
23. (26回)	通　信　工　学	竹下鉄夫・吉川英機 共著		198	2500円
24. (24回)	電　波　工　学	松田豊稔・宮田克正・南部幸久 共著		238	2800円
25. (23回)	情報通信システム(改訂版)	岡田裕・桑原　正史 共著		206	2500円
26. (20回)	高　電　圧　工　学	植月唯夫・箕田充志 共著		216	2800円

定価は本体価格＋税です。
定価は変更されることがありますのでご了承下さい。

◆図書目録進呈◆